普通高等教育"十三五"规划教材

植物学实验实习指导

王 伟　李春奇　　　主　编

胡秀丽　袁志良　邰付菊　副主编

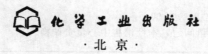

化学工业出版社

·北京·

本书的编写吸取了近年来同类教材的优点，内容注重植物学基本实验技能的培养及学生创新思维的训练，使实验内容的安排更加贴近教学需要。本书主要内容包括：植物学实验守则、14个常规植物学实验、3个创新性实验，每个实验后均附作业思考题，另附河南农业大学校园常见木本植物名录和河南主要种子植物分科检索表。

本书可作为高等院校农学、园艺、林学、植物保护和生物科学等专业的实验教材，也可供有关科技人员参考使用。

图书在版编目（CIP）数据

植物学实验实习指导/王伟，李春奇主编. —北京：化学工业出版社，2015.9（2024.8 重印）
普通高等教育"十三五"规划教材
ISBN 978-7-122-24418-5

Ⅰ.①植…　Ⅱ.①王…②李…　Ⅲ.①植物学-实验-高等学校-教学参考资料　Ⅳ.①Q94-33

中国版本图书馆 CIP 数据核字（2015）第 140622 号

责任编辑：魏　巍　赵玉清　　　　　　　　文字编辑：张春娥
责任校对：边　涛　　　　　　　　　　　　装帧设计：关　飞

出版发行：化学工业出版社（北京市东城区青年湖南街 13 号　邮政编码 100011）
印　　装：北京虎彩文化传播有限公司
787mm×1092mm　1/16　印张 7½　字数 142 千字　2024 年 8 月北京第 1 版第 5 次印刷

购书咨询：010-64518888　　　　　　　　售后服务：010-64518899
网　　址：http://www.cip.com.cn
凡购买本书，如有缺损质量问题，本社销售中心负责调换。

定　价：18.00 元

《植物学实验实习指导》编写人员名单

主　　编：王　伟　李春奇

副 主 编：胡秀丽　袁志良　邰付菊

编写人员（按姓氏汉语拼音排序）

范　沛（河南工业大学）

胡秀丽（河南农业大学）

李春奇（河南农业大学）

李桂玲（河南工业大学）

邰付菊（河南农业大学）

王　伟（河南农业大学）

袁志良（河南农业大学）

前　言

　　本书是河南省资源共享精品课程——植物学配套使用的实验教材，是依据植物学实验教学大纲的要求编写而成。植物学实验不仅是紧密结合植物学理论教学的重要补充，而且是今后进行植物学科研工作的基础，还是培养学生独立思考和理论联系实际能力的手段。随着植物学实验教学的改革，不同专业的植物学实验学时变化较大（如有 16 学时、24 学时、30 学时等）；而安排的植物学实习时间有的是一周，也有的是几天，因此，实际中需要一本简明扼要、通俗易懂、方便实用的植物学实验实习教材。

　　本书的内容以讲义形式已在河南农业大学内部印刷使用 5 年，教师和学生普遍反映良好，体现出了农业院校作物生产类植物学实验实习的特色。本书内容包含 14 个常规植物学实验和创新性实验，其中植物学实习以实验的方式介绍了植物标本的采集和制作，书后附录介绍了常用试剂的配制方法以及校园常见植物名录和植物分科检索表。每个实验在内容设定上包括实验目的与要求、材料与用品、方法与步骤以及作业与思考题部分，其要旨是引导学生如何观察，观察什么，观察重点，培养和提高学生的实验技能及科研素养。由于受学时和条件的限制，各高校可以根据实际情况有选择地安排实验。

　　由于编者水平有限，书中的缺点和错漏在所难免，恳请读者批评指正。

编者

2015 年 3 月

目　　录

植物学实验守则

实验室是进行实验教学和科研的重要场所，非实验人员，未经允许不得入内。为保证良好的实验环境，所有实验的学生在进入实验室后要认真遵守本守则。

一、遵守实验室各项规章制度，服从实验室管理人员和指导教师的管理，保证实验室良好的工作秩序和实验环境。

二、实验前应预习实验指导书，明确了解每次实验的目的和要求，了解实验步骤和方法，提前 10 分钟进入实验室。

三、分好实验小组，每小组选组长一人，未经允许，实验时组别和座位不得任意调换。

四、进入实验室要衣冠整齐，不得高声喧哗、到处走动，以免影响他人实验。严禁将饮食或食具带入实验室；讲究卫生，保持实验室的整洁，不乱扔纸屑、果皮，不随地吐痰，不在桌凳和墙壁上乱写乱画，不随意触摸和移动与本实验无关的设施和陈列物品。

五、使用仪器设备时，应严格遵守操作规程，若发现仪器异常或损坏，应停止使用，并及时向指导教师报告，查明原因。凡属违反操作规程导致设备损坏的要追究责任，并按学校有关规定赔偿损失。

六、严格遵守设备的操作规程和各项制度，注意安全。若发生意外事故，应保持镇静，不要惊慌。遇有烧伤、烫伤、割伤时，应立即报告教师，及时处理。

七、实验时要严肃认真，严格按规定的步骤操作，自己动手完成。要正确操作、仔细观察、做好记录，反复思考，培养严谨的科学态度和分析问题、解决问题的能力以及理论联系实际的学风。

八、实验结束后按时上交实验报告。要求认真准确做好实验报告，字迹工整，不得抄袭。实验报告不合格者退回重做。

九、实验结束后，按指导教师要求整理或归还仪器设备，做好使用记录；值日小组做好清洁，打扫实验台面及室内卫生，将桌凳整理好放回原位，切断水源、电源，经指导教师检查合格后方能离开实验室。一切仪器未经实验教师同意，不得带出实验室。

十、本规则由指导教师监督执行，对违反本守则和有关规章制度造成的事故，要追究当事人的责任，严肃处理。

实验一　显微镜的使用和植物细胞形态结构的观察

一、目的与要求

1. 学习了解显微镜的构造、成像原理、使用技术以及保养措施。
2. 掌握临时装片制作及绘制生物图的方法。
3. 认识植物细胞的基本形态结构。

二、材料与用品

1. 材料

植物离析材料（紫薇幼茎、玉米叶、梨果肉石细胞）、洋葱鳞叶、棉花叶表皮永久制片。

2. 用品

光学显微镜、载玻片、盖玻片、解剖针、解剖刀、尖头镊子、剪刀、刀片、滴瓶、滴管、烧杯、培养皿、吸水纸、擦镜纸、纱布、小毛巾、蒸馏水、I_2-KI 染液。

三、方法与步骤

（一）显微镜的构造与使用方法

显微镜的种类很多，常用的为普通光学显微镜。显微镜可分为两个部分：机械部分和光学部分（图 1-1）。

1. 显微镜的构造

（1）机械部分

① 镜座　为显微镜最下面的马蹄形铁座。其作用是支持显微镜的全部重量，使其稳立于工作台上。

② 镜柱　镜座上的直立短柱叫做镜柱。

③ 镜臂　镜柱上方弯曲的弓形部分叫做镜臂，是握镜的地方。镜臂和镜柱之间有一个能活动的倾斜关节，可使显微镜向后倾斜，便于观察。

④ 镜筒　安装在镜臂上端的圆筒叫做镜筒。镜筒长度一般为 160mm，上端安装目镜，下端连接转换器。

⑤ 转换器　镜筒下端的一个能转动的圆盘叫做转换器。其上可以安装几个

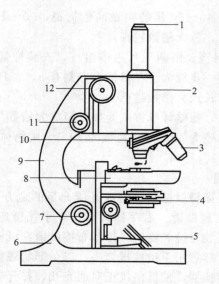

图 1-1　复式显微镜结构图

1—目镜；2—镜筒；3—物镜；4—聚光器；5—反光镜；6—镜座；7—倾斜关节；
8—镜台；9—镜臂；10—镜头转换器；11—细调节器；12—粗调节器

接物镜，观察时便于调换不同倍数的镜头。

　　⑥ 载物台　镜臂下端安装的一个向前伸出的平面台叫载物台，用于放置观察用的玻片标本。载物台中央有一圆孔，叫通光孔。通光孔左右两旁一般装有一对弹簧夹，为固着玻片之用，有的装有移片器，可使玻片前后左右移动。

　　⑦ 调节器　镜臂上装有两种可以转动的螺旋，能使镜筒上升或下降，称为调节器。大的螺旋转动一圈，镜筒升降 10mm，用于调节低倍镜，叫做粗调节器；小的螺旋转动一圈，镜筒升降 0.1mm，主要用于调节高倍镜，叫做细调节器。

　　(2) 光学部分

　　① 反光镜　位于马蹄形镜座的上方，一个可以转动的圆镜，叫做反光镜。反光镜具两面，一面为平面镜，一面为凹面镜。其用途是收集光线。平面镜使光线分布较均匀。凹面镜有聚光作用，反射的光线较强，一般在光线较弱时使用。

　　② 聚光器　位于载物台下方，由两三块透镜组成，其作用是聚集来自反光镜的光线，使光度增强，并提高显微镜的鉴别力。集光器下面装有光圈（虹彩光阑），由十几张金属薄片组成，可以调节进入集光器光量的多少。若光线过强，则将光圈孔口缩小，反之则张大。集光器还可以上下移动，以调节适宜的光度。

　　③ 接物镜　又称物镜，由数组透镜组成，安装在转换器上，能将观察的物体进行第一次放大，是显微镜性能高低的关键性部件。每台显微镜上常备有几个不同倍数的物镜，物镜上所刻 8×、10×、40× 等就是放大倍数，习惯上把 10~

20 倍的叫做低倍物镜；40～60 倍的叫做高倍物镜；90～100 倍的叫做油镜。从形态上看，接物镜越长，放大倍数越高。

④ 接目镜　又称目镜，由两三片透镜组成，安装在镜筒上端，其作用是把物镜放大的物体实像进一步放大。在目镜上方刻有 5×、10×、20× 等为放大倍数。从外表看，镜头越长放大倍数越低。

显微镜的放大倍数，粗略计算方法为接目镜放大倍数与接物镜放大倍数的乘积。如观察时所用接物镜为 40×、接目镜为 10×，则物体放大倍数为 40×10＝400 倍。

2. 显微镜操作规程

（1）安放　安放显微镜要选择临窗或光线充足的地方。桌面要清洁、平稳，使用时先从镜箱中取出显微镜。右手握镜臂，左手托镜座，轻放桌上，镜筒向前，镜臂向后，然后安放目镜和物镜。用纱布擦拭镜身机械部分。用擦镜纸或绸布擦拭光学部分，不可随意用手指擦拭镜头，以免影响观察效果。

（2）对光　扭转转换器，使低倍镜正对通光孔，打开聚光器上的光圈，然后左眼对准接目镜注视，右眼睁开，用手翻转反光镜，对向光源，光强时用平面镜，光较弱时用凹面镜。这时从目镜中可以看到一个明亮的圆形视野，只要视野中光亮程度适中，光就对好了。

（3）放玻片　将要观察的玻片标本，放在载物台上，用弹簧夹或移光器将玻片固定。将玻片中的标本对准通光孔的中心。

（4）调焦　调焦时，旋转粗调节器，为了防止物镜与玻片标本相撞，先转动粗调节器使镜筒慢慢下降，降低时，必须从侧面仔细观察，直到物镜与玻片标本相距 5mm 以上，切勿使物镜与玻片标本接触。然后一面用左眼自目镜中观察，一面用右手旋转细调节器（切勿弄错旋转方向），直到看清标本物像为止。

（5）观察　对光、调焦都是用的低倍物镜。观察时，还是先用低倍物镜，焦距调准后，移动玻片标本，全面地观察材料，如果是需要重点观察的部分，要将其调至视野的正中央，再转换高倍镜进行观察。转换高倍镜后，只要轻轻扭转细调节器，就能看到清晰的物像。注意使用高倍镜时，切勿使用粗调节器，否则容易压碎盖玻片并损伤镜头的透镜。一般凡是用低倍物镜能够观察清楚的标本，就不一定要换用高倍镜。

观察完毕，扭转转换器，使镜头偏于两旁，降下镜筒，擦抹干净，将显微镜装入镜箱。

3. 显微镜使用注意事项以及保养

（1）任何旋钮转动有困难时，绝不能用力过大，而应查明原因，排除障碍。如果自己不能解决时，要向指导教师说明，帮助解决。

（2）保持显微镜的清洁，尽量避免灰尘落到镜头上，否则容易磨损镜头。必须尽量避免试剂或溶液沾污或滴到显微镜上，这些都能损坏显微镜。特别是高倍物镜很容易被染料或试剂沾污，如被沾污时，应立即用擦镜纸擦拭干净。显微镜用过后，应用清洁棉布轻轻擦拭（不包括物镜和目镜镜头）。

（3）要保护物镜、目镜和聚光器中的透镜。光学玻璃比一般玻璃的硬度小，易于损伤。擦拭光学透镜时，只能用专用的擦镜纸，不能用棉花、棉布或其他物品擦拭。擦时要先将擦镜纸折叠为几折（不少于四折），从一个方向轻轻擦拭镜头，每擦一次，擦镜纸就要折叠一次。然后绕着物镜或目镜的轴旋转地轻轻擦拭。如不按上述方式擦拭，落在镜头上的灰尘很容易损伤透镜、出现一条条的划痕。

（4）每次实验结束后，应将载物台或物镜降到最低，以免内置的弹簧失效导致自动下滑；同时将物镜转成八字形垂于镜筒下，以免物镜镜头下落与聚光器相碰撞。也可用清洁的白纱布垫在镜台与物镜之间。

（二）临时装片的制作

1. 清洁玻片

玻片除要求无色、平滑、透明度好之外，使用时还应将载玻片和盖玻片洗净，再用纱布擦拭干净。因盖玻片极薄，注意擦拭时不要用力过猛使之破碎伤手。若玻片很脏，可用酒精擦拭或用碱水煮片刻，再用清水洗净擦干。

2. 滴水

将干净载玻片平放于桌面上，用吸管在玻片中央加一滴水（也可是其他染液），水可以保持材料呈新鲜状态，避免材料干缩，同时使物像透光均匀而显得更加清晰。

3. 取材

用镊子撕取或挑取少许新鲜材料，立即放入载玻片水中或染液中。若材料是洋葱鳞叶，则用刀片在鳞叶内表皮处轻轻划一长宽约 0.5cm 的小方块，用镊子将表皮轻轻撕下来，放在载玻片中央的蒸馏水中，再用镊子或解剖针将材料散开或展平。

4. 加盖玻片

用镊子轻夹盖玻片的一边，使盖玻片的另一边先接触载玻片上的水滴，而后慢慢地放下另一边，把盖玻片轻轻盖在材料上，尽量避免气泡产生。如有气泡，可用镊子轻轻敲打盖玻片，除去气泡。如有水溢出盖玻片，一定要将其用吸水纸吸干净。

5. 染色

滴一滴染液在盖玻片旁，用吸水纸从另一边吸去多余的染液，置显微镜下观察。

良好的装片标准是：材料无皱折，不重叠，水分适宜，无气泡。

（三）植物细胞基本形态结构的观察

1. 植物细胞形态的观察

在低倍镜下观察不同植物材料及永久制片的细胞形状和排列状况（图 1-2），注意比较不同细胞形态的差异。

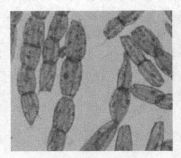

(a) 紫薇茎皮层细胞图

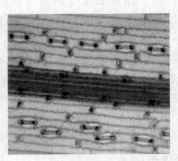

(b) 玉米叶表皮细胞图

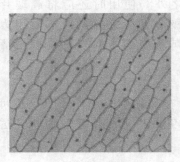

(c) 洋葱表皮细胞图

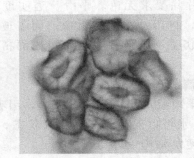

(d) 梨石细胞图

图 1-2　植物细胞的形态

2. 植物细胞结构的观察

将洋葱鳞叶表皮细胞的临时装片置于显微镜下观察，可见洋葱表皮细胞排列整齐，紧密，无胞间隙，细胞为近长方形。选择形状较规则、结构清晰的细胞，移至视野中央，在高倍镜下观察下列部分（图 1-3）。

细胞壁：位于细胞的外围，通过调节细调节器及光圈，可见相邻两个细胞的细胞壁，中间是共有的胞间层。通过调节细调节器，观察细胞的不同层次和立体结构。

细胞质：紧贴细胞壁，被 I_2-KI 染成浅黄色透明的胶状物。

细胞核：原生质体中有一染色较深的，呈扁圆球状的结构，一般贴近细胞壁，在幼嫩细胞中核位于中央。核内有折光性更强、染色更深的 1 个至多个小颗粒，为核仁。

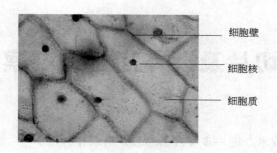 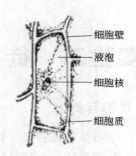

图 1-3　洋葱表皮细胞

　　液泡：植物细胞特有的结构。在洋葱成熟表皮细胞中，有一中央大液泡，染色较浅。

　　表皮细胞初看好像是一个平面的，但在高倍镜下，慢慢调节细调节器，就可看到细胞的上壁或下壁，说明细胞是立体的。

3. 质壁分离现象的观察

　　从洋葱表皮临时装片的一侧滴入 30％蔗糖溶液，在另一侧用吸水纸吸水；重复 2～3 次，使蔗糖溶液渗入盖片下，然后置显微镜下观察。在高倍镜下，可见细胞中的液泡逐渐变小，颜色逐渐变深，原生质体开始在边角与细胞壁分离，最后完全分离，即质壁分离现象。质壁分离后，原生质层的最外面即为细胞膜（图 1-4）。

 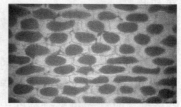

(a) 正常情况　　　　　　　　　　　(b) 质壁分离

图 1-4　洋葱表皮细胞质壁分离

【作业与思考题】

　　1. 植物细胞的形态结构与功能有何关系？

　　2. 绘制洋葱表皮细胞结构图，并标注各部分结构名称。

　　3. 如何观察植物细胞质壁分离的复原现象？

实验二 徒手切片及质体后含物观察

一、目的与要求

1. 学习掌握植物徒手切片技术，进一步掌握临时装片的制作方法。
2. 掌握质体的类型及结构。
3. 观察、鉴定植物细胞中常见的后含物。

二、材料与用品

1. 材料

上海青菜叶、红辣椒、鸭跖草叶、洋葱鳞叶、胡萝卜根、花生子叶、马铃薯块茎、蓖麻种子。

2. 用品

显微镜、刀片、毛笔、镊子、载玻片、盖玻片、培养皿、I_2-KI 溶液、苏丹溶液、吸管、蒸馏水、吸水纸等。

三、方法步骤

1. 徒手切片

（1）选材　所取新鲜材料应及时放入水中，以免切片时失水萎蔫。所用材料不宜太软或太硬。一般选择发育正常、软硬适中的材料。比如一些植物幼嫩的根茎或叶片、叶柄等。质地较薄、较软的材料，如叶片，可沿主脉两侧切成宽 5～6mm、长 1～1.5cm 的小块，夹在夹持物（如胡萝卜根或马铃薯块茎等）中进行切片。使用夹持物时，先将夹持物的中央切成两半，然后将切好的材料夹入，合拢夹持物进行切片。对于有些植物的叶片，可卷成筒状再进行切片。

（2）切片

① 盛清洁的水于培养皿中。先把要切的材料用刀片削成大小适宜的段块，并且将切面削平，然后将材料和刀片蘸水湿润。

② 身体站立，两臂紧贴身体，用左手的拇指及食指、中指夹住材料，拇指的位置要低于食指，并使材料的上端伸出手指外 2～3mm，防止割伤手指。材料的切面必须保持水平方向。

③ 右手执刀片，平放于左手食指之上，刀片与材料切面平行。刀口向内，自左前方向右后方滑行切割，要用臂力，不要用腕力，不可直切。切割时，左手食指向下稍微一动，使材料略有上升。拉切的速度宜快，不要中途停顿或似拉锯

式，以免损伤材料或切得不平。

④ 切片过程中，如发现由于用力不均而使材料表面倾斜时，必须立即削平，材料及切片均需经常沾水，以保持材料湿润、润滑。

（3）镜检　切下的薄片可随时用毛笔轻轻刷入培养皿的水中，等切到相当数量后，再选择漂浮的、最薄的、透明度最大的做成临时玻片，进行镜检、观察。

2. 质体的观察

（1）叶绿体　取新鲜上海青菜叶做徒手切片；或撕取青菜叶下表皮，制成临时装片，观察。可见细胞中有很多绿色椭圆形颗粒，这就是叶绿体（图 2-1）。高倍镜下还可观察到某些细胞内叶绿体沿一定方向环形流动，这是叶绿体随细胞质环流的结果。

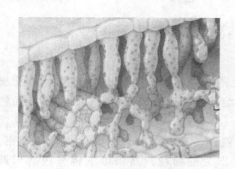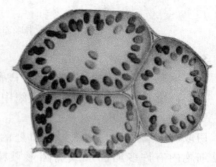

图 2-1　光镜下的叶绿体

（2）有色体　取胡萝卜肉质根徒手切片，制成装片；或用刀片刮下红辣椒果肉，制成临时装片。观察。高倍镜下可见细胞质中分散有许多红色颗粒，即为有色体（图2-2）。

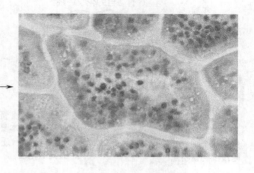

图 2-2　辣椒中的有色体

（3）白色体　撕取鸭跖草叶或洋葱鳞叶表片一小块，做成临时装片。显微镜下观察，在细胞核周围可以看到许多透明颗粒状结构，即为白色体（图 2-3）。

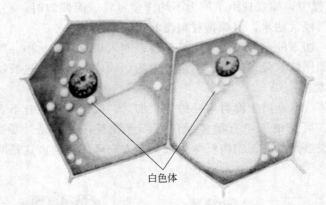

白色体

图 2-3　白色体

3. 后含物的观察

（1）淀粉粒　淀粉是植物细胞中常见的贮藏物质，通常呈颗粒状，称淀粉粒。它们广泛地存在于植物基本组织中。淀粉遇碘液变成蓝色，这是鉴别淀粉粒的主要方法。

切取马铃薯块茎，用新鲜切口处的浆液制成临时装片，置于显微镜下观察。可见细胞内有许多卵圆形或椭圆形颗粒，即为淀粉粒。高倍镜下将光线适当调暗，缓慢转动细调节器，可以看到淀粉粒上具有明暗交替的轮纹，而且围绕着一个脐点（图 2-4）。根据脐点的数目和轮纹的排列，注意观察区分其单粒淀粉粒、复粒淀粉粒和半复粒淀粉粒。加少许 I_2-KI 溶液，注意观察淀粉粒被染成什么颜色。

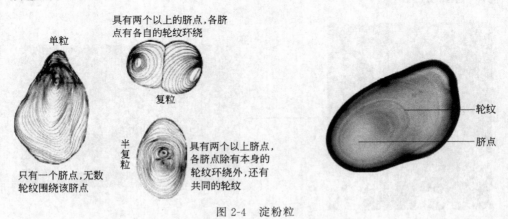

单粒

具有两个以上的脐点，各脐点有各自的轮纹环绕

复粒

半复粒

只有一个脐点，无数轮纹围绕该脐点

具有两个以上脐点，各脐点除有本身的轮纹环绕外，还有共同的轮纹

轮纹

脐点

图 2-4　淀粉粒

（2）脂肪　脂类是植物细胞中存在的又一重要贮藏物质，大量存在于油料植物种子和果实内，常以油滴形式存在，用苏丹Ⅲ染色后呈黄色、橙黄色、橙红色

或红色（图 2-5）。

取花生子叶，用刀片切成薄片，置于滴水的载玻片上，盖上盖玻片，从盖玻片一侧加几滴苏丹Ⅲ溶液，吸去多余的染液。置显微镜下观察，寻找较薄的地方，可见细胞内有许多被染成橘红色的大小不等或形状不规则的小油滴，即为脂肪。也可用向日葵、核桃、蓖麻种子观察薄壁细胞中的油滴。

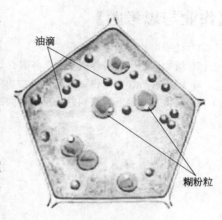

图 2-5　油滴

（3）糊粉粒　糊粉粒是植物细胞中贮藏蛋白质的主要形式，常以无定形或结晶状态（拟晶体）存在于细胞中（图 2-6）。豆类种子子叶的薄壁细胞中普遍含有糊粉粒。糊粉粒遇碘液变成黄色，这是鉴别蛋白质的主要方法。

在实验前 1～2 天，先把蓖麻种子放在清水中浸泡。试验时，将蓖麻种子剥去外壳，胚乳进行徒手切片，选取薄的置 95% 酒精中（约 1h），以便溶解其中的脂肪。然后取一片于载玻片中，滴加 I_2-KI 溶液，置显微镜下观察。可看到在薄壁细胞中被染成黄色的圆形或椭圆形的糊粉粒。转换在高倍镜下，观察糊粉粒的结构，可见：糊粉粒外围的无定形蛋白质被染成淡黄色，球晶体无色，拟晶体则呈黄褐色。

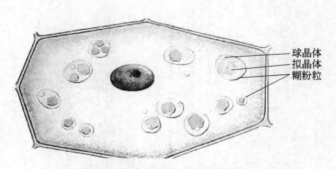

图 2-6　蓖麻胚乳细胞（示糊粉粒）

（4）花青素　花青素是植物常见的代谢产物之一，通常溶解在细胞液中，对 pH 值十分敏感：在酸性条件下呈红色，碱性条件下呈蓝色，因而使茎、叶、花瓣、果实呈现暗红色、紫色和蓝色。

撕取洋葱表皮（紫色部分）制成临时水装片。在显微镜下观察，可以看到花青素均匀地分布在细胞液中，使液泡成为紫红色，与细胞质的界线十分清楚。取出临时水装片，从盖玻片的一端加入一滴 0.1mol/L NaOH，注意观察细胞液颜色的变化；之后，再加入少许 0.1mol/L 盐酸，再注意观察细胞液颜色的变化。

【作业与思考题】

1. 徒手切片注意事项有哪些？
2. 植物细胞中的质体有几种？各有什么特征？它们之间的关系如何？
3. 细胞的后含物中包含哪些主要物质？如何鉴定？
4. 绘出显微镜下观察到的几种质体简图，标出名称。

实验三　植物细胞有丝分裂及胞间连丝

一、目的与要求

1. 学习洋葱根尖分生组织的压片技术。
2. 观察植物细胞有丝分裂过程。
3. 结合胞间连丝的功能观察其特征。

二、材料与用品

1. 材料

（1）洋葱或蚕豆根尖。

（2）柿胚乳横切玻片。

2. 用品

显微镜、载玻片、盖玻片、镊子、解剖针、醋酸洋红或改良卡宝品红染色液、酒精灯。

三、方法与步骤

1. 植物根尖分生组织压片法

（1）取材　可在室内培养根尖，也可以直接从田间挖取刚长出的幼嫩根尖。选健壮根尖于上午10时左右取下，备用。

预处理：抑制纺锤体的活动，从而获得更多的分裂中期细胞；使染色体相对缩短，便于观察和计数。若条件不允许也可以不做预处理。

① 冰冻预处理　将根尖浸泡在蒸馏水中，置于1～4℃冰箱内或盛有冰块的保温盒中冰冻24h。这种方法对染色体无破坏作用，染色体缩短均匀，效果良好。该方法简便易行，各种作物都适用。

② 药物预处理　常用的药物有0.05%～0.2%秋水仙素溶液、饱和对二氯苯溶液、0.002mol/L 8-羟基喹啉。将根尖直接浸泡在处理液中，在适宜的温度下处理一定的时间（表3-1）。这些药物都能使染色体缩短，但同时对染色体也有一定的破坏作用，使用时应注意处理的时间。

（2）固定　利用化学药品将活细胞迅速杀死，并使核蛋白变性和沉淀，以保持染色体的固有形态。固定液一般采用卡诺固定液（无水酒精：冰醋酸＝3:1），也可用95%乙醇代替无水乙醇。

将预处理后的根尖用蒸馏水冲洗2次（约5min），然后转移到卡诺固定液中。在 4～15℃ 条件下固定 20～24h。如果需要长期保存，可先用 70％ 酒精冲洗 2 次，然后转入 70％ 酒精中保存。

表 3-1   常用药液预处理时间

药 品	条 件	洋葱	玉米	小麦
0.1％秋水仙素溶液	温度/℃	15	室温	25
	处理时间/h	4	3	2
饱和对二氯苯溶液	温度/℃	室温	—	室温
	处理时间/h	4	—	4
0.002mol/L 8-羟基喹啉	温度/℃	—	18	室温
	处理时间/h	—	3.5	4

（3）解离　将细胞壁中的果胶物质以及部分细胞质分解，使细胞易于分散，同时也可以使细胞壁适度软化而易于压片。解离的方法主要有以下几种。

① 将根尖用蒸馏水冲洗 2 次，然后放入 60℃ 水浴锅预热的 1mol/L 盐酸中。恒温条件下处理 10～15min，待根尖透明且呈米黄色时取出。

② 将根尖置于 95％ 乙醇和浓盐酸的等量混合液中处理 2～10min。

③ 将根尖置于 2.5％ 果胶酶和 2.5％ 纤维素酶等量混合液中（pH 5～5.5），在室温 18～28℃ 条件下处理 2～3h。

（4）后低渗　将根尖用蒸馏水冲洗 2～3 次（约 10min）。酶解后的根尖可浸泡 10min，然后再冲洗一次。根尖一定要冲洗干净，否则影响染色。低渗后的根尖放入 70％ 酒精中备用。

（5）染色与压片　染色与压片的方法常用的有以下几种。

① 醋酸洋红染色法　取一根尖放在吸水纸上吸去多余的保存液，放在干净的载玻片中央。用刀片将根尖分生组织切下，将其切成薄片（越薄越好），加一滴 2％ 醋酸洋红染色液，盖上盖玻片，进行压片。压片时一边固定盖玻片，另一边用镊尖或解剖针柄轻敲盖玻片，使材料溃散。用酒精灯轻烤载玻片背面，然后继续轻敲，待材料呈云雾状即可镜检。加热的目的是使染色体充分染色和软化，以及破坏细胞质的染色。

② 改良卡宝品红染色压片法　将根尖置于干净的载玻片中央，切下根尖分生组织，切成薄片，加一滴改良卡宝品红染色液，盖上盖玻片压片。

③ 铁矾苏木精染色压片法　将根尖放入 4％ 铁矾水溶液中媒染 2～4h。以流水冲洗 20min，再将根尖放入 0.5％ 苏木精染液中避光染色 40～120min，取出后放入蒸馏水中备用。制片时则将醋酸洋红改为 1 滴 45％ 冰醋酸，具体压片方法同上。

（6）镜检　压好的片子先在低倍镜下镜检，找到分裂细胞后转换高倍镜观察。如果染色体分散较好，图像清晰，就可以脱水封片，制成永久片。

2. 植物细胞的有丝分裂过程

取洋葱或蚕豆根尖压片（或已制好的洋葱根尖纵切片）置显微镜下观察，找到分生区。仔细找出分裂的细胞或正在分裂中各期细胞，由于细胞分裂是一个连续变化的过程，在已制成的切片中，每个细胞都处在不同的分裂时期（图 3-1）。可从中寻找处于不同时期的细胞，观察其特征。

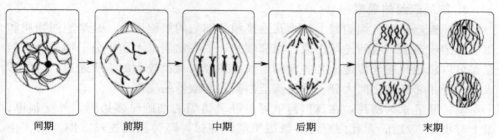

间期　　　　　前期　　　　　中期　　　　　后期　　　　　末期

图 3-1　细胞有丝分裂

（1）间期（即未进行细胞分裂的时期，又叫静止期）

分裂间期分 G1、S 和 G2 期，分裂间期为分裂期进行活跃的物质准备，完成 DNA 分子的复制和有关蛋白质的合成，同时细胞有适度的生长。在切片上，这个时期的细胞数目最多，细胞核无变化，核内染色质分布均匀，核膜、核仁均存在。

（2）前期（染色体形成时期）

自分裂期开始到核膜解体为止的时期，细胞由不分裂状态逐渐转变为分裂状态，最显著的是细胞核内的染色质由分散状态形成许多小颗粒（染色质粒），进而连成细丝状，最后形成棒状或带状物即染色体。前期之末，每一个染色体纵裂为二，但并不立即分开，仍然互相靠拢，同时核膜、核仁逐渐消失。

（3）中期（纺锤体形成时期）

从染色体排列到赤道板上，到它们的染色单体开始分向两极之前，这段时间称为中期。染色体在细胞内发生移动，原来散乱的各个染色体最后排列在细胞中央的一个平面（赤道面）上，这些在赤道面上的染色体合成赤道板。同时，在这个时期，一些无色的细丝（纺锤丝）从细胞的两极伸到赤道板的附近，与纵裂两半的染色单体联系着，全部纺锤丝合成纺锤体（纺锤丝在普通显微镜下，往往不易见到，要缩小光圈，转动细调节轮，有时亦可见到）。

（4）后期（染色体分离时期）

从染色体开始移动的两组染色单体到达细胞的两极，这个阶段是细胞分裂的后期。由于纺锤丝收缩而产生的牵引力，纵裂后的两个染色单体开始向细胞的两极移动，两组染色单体从赤道板趋向纺锤体的两极。

（5）末期（子核成立时期）

从子染色体到达两极开始至形成两个子细胞为止称为末期。到达细胞两极的染色单体逐渐改变形态，染色体解螺旋、变细、伸长，逐渐形成染色质，最后成为统一的构造。周围产生核膜，中间出现核仁，此时纺锤体消失，在原来赤道面上形成细胞壁，将细胞分裂成两个部分。这时，一个母细胞就分裂成为了两个子细胞。

3. 胞间连丝的观察

胞间连丝是穿过细胞壁上的小孔连接相邻细胞的细胞质丝，是细胞间物质和信息的传递通道。胞间连丝沟通了相邻细胞，一些物质（水和小分子物质）和信息都可以经胞间连丝传递。某些胞间连丝可发育成直径较大的胞质通道，它的形成有利于相邻细胞之间大分子物质甚至是某些细胞器的交流。

取柿胚乳永久制片，在高倍镜下可见胚乳组织的细胞呈多边形，外壁很厚，壁上有小孔（纹孔），孔内有许多细胞质细丝穿过，即为胞间连丝（图 3-2）。由细胞腔向外辐射状排列，并与相邻细胞的细丝相连。

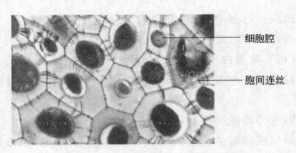

细胞腔

胞间连丝

图 3-2 柿胚乳细胞，示胞间连丝

【作业与思考题】

1. 如何制作植物细胞有丝分裂的载片标本，制作过程中需要注意什么？
2. 植物细胞有丝分裂的主要过程及各时期的特点是什么？
3. 绘制有丝分裂各阶段示意图。
4. 绘制柿胚乳细胞的胞间连丝示意图。

实验四 植物成熟组织

一、目的与要求

1. 掌握植物各种成熟组织的类型及分布。
2. 认识各种成熟组织的结构特征和细胞组成特点。

二、材料与用品

1. 材料

上海青叶、芹菜叶、玉米叶、萝卜根尖、梨子；小麦叶表皮装片、梨果肉装片，椴树茎横切片、薄荷茎横切片、棉花叶横切片、菱叶柄横切片、南瓜茎纵切片、柑橘果皮横切片、松幼茎横切片、蒲公英根横切片。

2. 用品

显微镜、载玻片、刀片、镊子、解剖针；碘化钾染液、40％盐酸、5％间苯三酚酒精溶液。

三、方法与步骤

1. 保护组织

（1）双子叶植物的叶表皮

撕取上海青叶或芹菜叶下表皮，制作临时装片。

置于低倍镜下观察：表皮细胞结合紧密，无胞间隙，细胞壁边缘呈波纹状嵌合，细胞质无色透明，不含叶绿体。在表皮细胞间分布着很多气孔器。

选取视野清晰的气孔器，转换高倍镜观察：保卫细胞内壁较厚、外壁较薄，两内壁之间的胞间隙为气孔［图 4-1(a)］。转动细调节器，观察气孔是张开还是关闭。注意观察保卫细胞与表皮细胞的颜色有何不同，其内有无叶绿体。

（2）禾本科植物叶表皮

取一新鲜的小麦或玉米叶片，放置载玻片上，上表皮朝上。用刀片刮掉上表皮及叶肉组织，然后切取一小片下表皮，制成临时装片。于显微镜下观察。或者直接观察小麦叶下表皮的永久制片。

可见：小麦叶表皮细胞形状规则，长短两种细胞相间排列，由两个哑铃形的保卫细胞和两个副卫细胞组成的气孔器也成行分布［图 4-1(b)］。

仔细观察，试比较双子叶植物和单子叶植物叶表皮细胞和气孔器的形态结构特征。

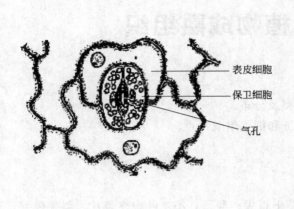

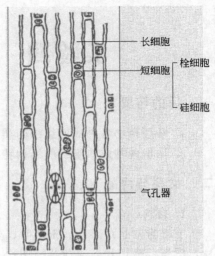

长细胞

短细胞 ┤栓细胞

硅细胞

气孔器

表皮细胞

保卫细胞

气孔

(a) 双子叶植物叶表皮 　　　　　　　　　　　　(b) 单子叶植物叶表皮

图 4-1　植物表皮结构

（3）周皮和皮孔

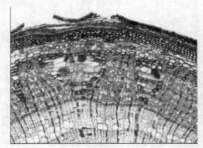

图 4-2　椴树茎横切片（部分）

取椴树茎横切片（图 4-2）置显微镜下观察，可见：在茎的外表有数层长方形死细胞，排列整齐，无胞间隙，细胞壁木栓化，这就是木栓层，木栓层有些地方已破裂向外突起，裂口中有薄壁细胞填充，这就是皮孔，木栓层下面的一层细胞为木栓形成层，其内方一些薄壁细胞为栓内层。其中木栓层、木栓形成层以及栓内层三者合称周皮。观察时注意比较三层的细胞及排列特征。

2. 薄壁组织

（1）吸收组织

取萝卜根尖制作压片。取长度超过 3cm 的根尖，置于载玻片上，从根尖中央纵切成两半，将剖面向上，分别放在载玻片上，并加一滴碘液，然后将另一片载玻片放在上面，用拇指轻压，使半个根尖变扁，最后将上边的载玻片小心地拿开，加水封片观察（拿开上边的载玻片时，动作一定要轻，以免根尖组织的次序出现混乱）。先在低倍显微镜下观察，可清楚观察到根毛区表皮细胞产生的根毛。换为高倍镜，可以看到，根毛由表皮细胞逐渐突起分化形成的情况（在高倍镜下观察时可明显看到根毛是由表皮细胞突起产生的）。

(2）贮藏组织

取马铃薯块茎一小块，进行徒手切片，选取较薄的切片制成临时装片，也可加入碘化钾染液，观察淀粉贮藏组织的结构特点。

（3）同化组织

取夹竹桃叶片做徒手横切片或棉花叶永久制片，观察同化组织（栅栏组织），比较叶肉栅栏组织和海绵组织的结构特点（图4-3）。

（4）通气组织

观察菱叶柄或水稻叶横切制片，在菱叶柄中有一部分细胞解体，形成大的空腔（气腔），被称为通气组织（图4-4）。

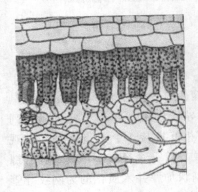

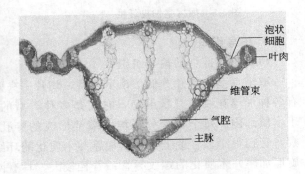

图 4-3　同化组织　　　　　　图 4-4　通气组织（水稻叶横切）

3. 机械组织

（1）厚角组织

取薄荷茎（或南瓜茎）横切片于低倍镜下观察，找到棱角处，换为高倍镜观察，可见：表皮细胞排列整齐，上面具表皮毛。紧靠表皮以内的数层细胞，排列紧密，无胞间隙，其细胞壁在角隅处明显加厚，被染成绿色。这些角隅加厚的细胞群为厚角组织。

（2）厚壁组织

① 纤维　取椴树茎横切片观察，可以看到在韧皮部有成片被染成红色、细胞腔较小的死细胞，为厚壁组织中的纤维（图4-5）。

② 石细胞　挑取梨果肉中的一个沙粒状组织，置于载玻片上，用镊子柄部将石细胞群压散，制成临时装片观察，或直接观察梨果肉装片，可见一些大型的薄壁细胞包围着一些颜色较暗的石细胞群。这些细胞壁异常增厚，腔小，有明显的纹孔。从盖玻片一侧滴加40%盐酸一小滴，吸去多余的盐酸及水分，3～5min后，再加5%间苯三酚酒精溶液，显微镜下再次观察（图4-6），可见：石细胞壁被染成红色，这是细胞壁木质化的显著标志（此方法也常用于检验鉴别细胞壁中木质素的成分）。

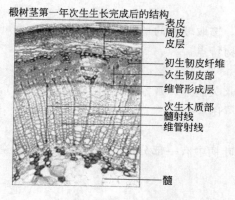

椴树茎第一年次生生长完成后的结构
　　　　　　　　表皮
　　　　　　　　周皮
　　　　　　　　皮层
　　　　　　　初生韧皮纤维
　　　　　　　次生韧皮部
　　　　　　　维管形成层
　　　　　　　次生木质部
　　　　　　　髓射线
　　　　　　　维管射线

　　　　　　　髓

图 4-5　椴树茎韧皮纤维

图 4-6　梨石细胞

4. 输导组织

（1）木质部中的输导组织

取南瓜茎纵切片置低倍镜下观察，切片中央两侧有一些细胞壁被染成红色具有各种加厚花纹的管状细胞，它们是多种类型的导管（图 4-7），成列纵向排列于木质部内。每个导管分子均以端壁形成的穿孔相互连接，上下贯通。仔细观察，管径很小，管壁上有环状加厚并木质化的环纹导管；管径较小，其壁具有螺旋形加厚并木质化的螺纹导管；管径较大，具有网状加厚并木质化的为网纹导管（注意切片中有些导管或导管一段，因为只切到导管腔中间一部分，因而只看到导管两边侧壁和中间空腔，而看不到导管壁上加厚的花纹）。观察时注意导管的结构特点及不同类型导管的区别。

筛板

各类型导管　　　筛管等

图 4-7　不同类型的导管

（2）韧皮部中的输导组织

取南瓜茎纵切片，低倍镜下观察，可见：分布在木质部内外两侧染成绿色的主要是韧皮部。一些口径较大的长管状细胞（每个细胞即为一个筛管分子）上下相连而形成的管状结构，即为筛管（图4-7、图4-8），纵向成列排列在韧皮部。换用高倍镜，可见：上下两个筛管分子连接的端壁所在处稍微膨大、染色较深，可看到水平的或倾斜的端壁，即为筛板，有些还可看到筛板上的筛孔，筛管无细

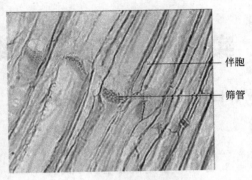

伴胞

筛管

图 4-8　南瓜茎筛管和伴胞

胞核。在筛管旁边紧贴着一个至几个染色较深、细长的伴胞。这些伴胞的细胞质浓，并具有细胞核。观察时注意筛管结构的特点。

5．分泌结构

比较观察各种分泌结构的特点。

（1）柑橘果皮横切片　观察分泌腔。

（2）松幼茎横切片　观察韧皮部和木质部中的分泌道（树脂道）。

（3）蒲公英根横切片　观察乳汁管。

【作业与思考题】

1．绘制双子叶植物叶表皮结构图，并标注文字说明。

2．绘制小麦叶表皮结构图，并标注文字说明。

3．绘制观察到的几种类型的导管结构图，并标注文字说明。

4．比较各种成熟组织的细胞形态、特征、功能及其在植物体中的分布等方面的异同。

5．成熟组织有哪些类型？在植物体内分布有何规律？

6．在茎的纵横切面上如何区分木质部和韧皮部？导管和筛管有什么差异？

实验五 植物根的结构及侧根的发生

一、目的与要求

1. 掌握植物根的初生解剖结构。
2. 掌握双子叶植物次生解剖结构。
3. 了解植物侧根发生的方式。

二、材料与用品

棉花幼根横切片，鸢尾、玉米根横切片，棉花侧根发生横切片，洋槐老根横切片。

三、方法与步骤

1. 根的外形观察

(1) 根系（图 5-1）

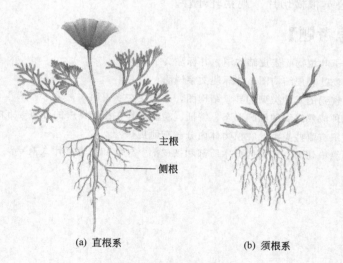

(a) 直根系   (b) 须根系

图 5-1 直根系和须根系

直根系：主根发达，较粗、较长，其上分生侧根。

须根系：主根不明显，自茎的基部发生许多粗细相当的不定根。

比较区分小麦、玉米、棉花、蚕豆属于哪种根系。

（2）根结构外形

取棉花或蚕豆的幼苗，观察根的外形，注意根毛着生部位及其下方的结构。

2. 根的解剖结构

（1）根尖的分区（图 5-2）

取玉米根尖的纵切片，在低倍镜下观察。

根冠：根尖最前端，由排列疏松的薄壁细胞组成。

分生区：被根冠保护。该部分属于分生组织，细胞壁薄、细胞质浓、核大，分裂旺盛。

伸长区：位于分生区的后面，逐渐停止分裂，开始分化，细胞伸长，液泡变大。

根毛区：成熟组织已经出现，外表密被根毛。

（2）双子叶植物根的初生结构

取蚕豆幼苗的根部，通过根毛区横切并用番红染色，置于显微镜下观察。或取棉花幼根切片观察（图 5-3）。

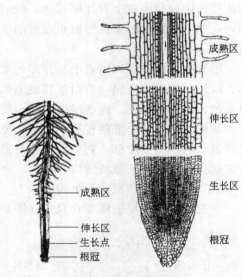

图 5-2　根尖结构分区

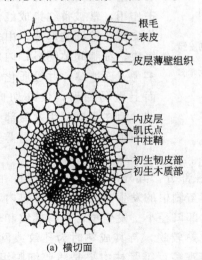

(a) 横切面

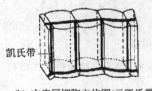

(b) 内皮层细胞立体图(示凯氏带)

图 5-3　棉花根初生结构

表皮：为根最外面的一层细胞。观察细胞形状有何特点，排列是否紧密，有无气孔，为什么？能否见到根毛？

皮层：在表皮内方，均由薄壁细胞组成，共包括三层——外皮层、皮层薄壁细胞和内皮层。皮层最外一层与表皮相邻，细胞排列紧密整齐，壁稍增厚，即为外皮层；其内为皮层薄壁细胞，皮层薄壁细胞由多层细胞组成，细胞间隙明显；最内一层排列整齐紧密的细胞与维管柱相邻，即为内皮层，有些切片上可以看到内皮层细胞的径向壁上有加厚部分。该加厚部分叫凯氏带。但也有些细胞壁不加厚，这些不加厚的内皮层细胞叫通道细胞，注意这些通道细胞所处的位置，都是特定的，为什么？

维管柱：内皮层以内整个部分即是维管柱，维管柱的最外层细胞与内皮层相邻，这层细胞叫中柱鞘（或叫维管束鞘），维管柱的中心有许多被染成红色的厚壁细胞，呈辐射排列，这些根的初生木质部辐射角最先成熟，导管孔径较小为原生木质部，中心部分成熟较迟，导管孔径较大，称为后生木质部。相邻两辐射角之间是根的初生韧皮部，初生韧皮部与初生木质部之间有薄壁细胞，注意观察棉花根初生木质部为几原型结构，其次，注意其外始式的分化发育方式。

（3）单子叶植物根的初生构造

取玉米根或鸢尾根横切片观察（图5-4）。

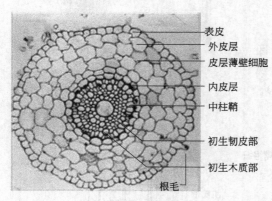

图5-4 单子叶植物根初生结构

① 表皮 最外层，细胞排列整齐，有突起的根毛。

② 皮层 靠近表皮的1～2层细胞，较小，排列紧密，称外皮层，壁明显增厚，可代替表皮起保护作用，常被番红染成红色。其内为皮层薄壁细胞部分，由多层细胞组成，细胞间隙明显；内皮层细胞多为五面增厚，并栓质化，在横切面上呈马蹄形，仅外切向壁是薄的，但在正对原生木质部处的内皮层细胞常不加厚，仍为薄壁的通道细胞。

③ 维管柱 在皮层以内，是维管柱部分。其外层细胞称中柱鞘，由一层个体较小、排列整齐的薄壁细胞组成。其与侧根的发生有关。在中柱鞘内，初生木质部与初生韧皮部相间排列。原生木质部口径小、发生早，具有螺纹和环纹的增厚；后生木质部为口径较大的导管，成熟较晚，待其成熟时为孔纹或网纹增厚。韧皮部细胞不太显著，需换高倍镜仔细观察。维管柱中央是薄壁细胞组成的髓，占据了根的中心，这是单子叶植物根的典型特征之一。

（4）侧根

取棉花根横切片（通过侧根的）于显微镜下观察（图5-5），可看到中柱鞘的一部分细胞。因恢复了分生能力，分生新细胞，形成了侧根，侧根逐渐生长，穿过皮层、表皮向外伸出。注意侧根产生与木质部辐射角有何关系。

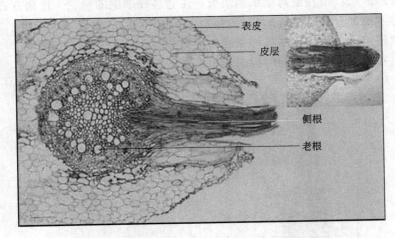

图 5-5　棉花根初生结构（示侧根）

（5）双子叶植物根的次生结构
取洋槐老根切片观察以下各部分（图 5-6）。

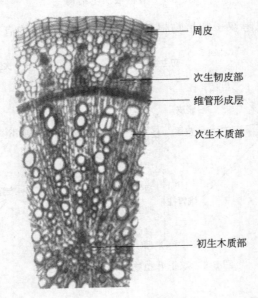

图 5-6　根次生结构图

周皮：为根最外面的几层细胞。观察细胞形状有何特点，由几部分组成，排列整齐紧密否，为什么？这些细胞的功能分别是什么？

　　韧皮部：位于周皮内，由筛管、伴胞、韧皮薄壁细胞、韧皮纤维、韧皮射线几种组织组成。

　　维管形成层：由几层薄壁细胞组成，注意各种细胞的形状、排列方式。

　　次生木质部：位于维管形成层内侧，由大的导管、管胞、木纤维、木射线、木薄壁细胞组成，注意观察各种细胞的特征。

　　初生木质部：位于根的结构的最中央（图5-7）。

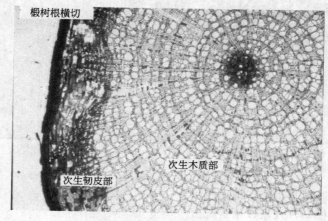

图5-7　椴树根次生结构

　　通过图5-8，思考双子叶植物根的增粗与哪些组织结构有关。

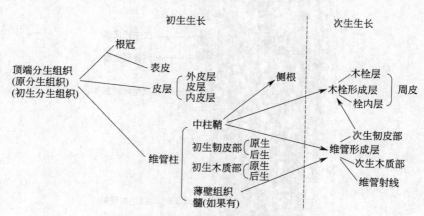

图5-8　双子叶植物根的结构分化过程

【作业与思考题】

1. 绘制毛茛或棉花根的初生构造一部分详细结构。

2. 绘制玉米根或鸢尾根的初生构造一部分详细结构。

3. 侧根是怎样产生的？其发生与哪些结构有关？

4. 在根的初生结构中，内皮层细胞有些具有凯氏带，有些为通道细胞，通道细胞的位置往往有规律，为什么？有何作用？

5. 根的初生结构是怎样转变为次生结构的？

6. 比较单子叶、双子叶植物根的结构的异同点？

实验六　茎的结构

一、目的与要求

1. 通过对苜蓿茎、向日葵茎、玉米茎的观察，了解双子叶和单子叶植物茎的初生结构的基本结构。
2. 通过对椴树茎的观察，了解双子叶植物茎的次生结构。

二、材料与用品

苜蓿幼茎横切片、向日葵幼茎横切片、玉米幼茎横切片、椴树老茎横切片。

三、方法与步骤

1. 双子叶植物草本茎的初生结构——向日葵幼茎或苜蓿幼茎

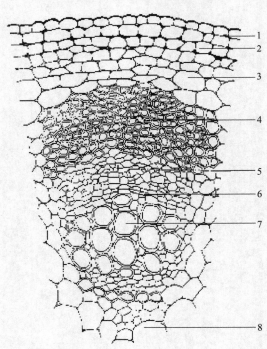

取向日葵（图 6-1）或苜蓿的幼茎横切片，放显微镜下观察，先用低倍镜观察维管束在茎中分布的情形，注意这些维管束有大有小。每一维管束是由木质部、韧皮部，以及在木质部与韧皮部之间的形成层所组成，这些维管束排成一环。以髓射线相隔，在茎中央占茎很大比例的那些薄壁细胞即是髓，然后用高倍镜，从外向内将茎的各种组织观察清楚。

（1）表皮

在茎的最外层，细胞排列整齐、紧密。

（2）皮层

由多层细胞所组成，紧接表皮的几层细胞为厚角组织，以内有数层薄壁细胞。

（3）维管柱

维管柱包括以下各部。

图 6-1　向日葵茎（局部）横切面

1—表皮；2—厚角组织；3—薄壁组织；4—韧皮纤维；
5—初生韧皮部；6—束中形成层；7—初生木质部；8—髓

① 初生韧皮纤维　在皮层以内、维管束之外部分，成束地排列成眉月形的一片厚壁细胞即是。

② 维管束　向日葵的维管束是各束彼此分离的，在茎的横断面上排成一圈。详细观察一个维管束的构造。注意：在韧皮部紧接韧皮纤维以内的为韧皮细胞；较小的且为多边形的细胞，即筛管与伴胞之所在；在韧皮部内方有数层排列整齐的扁平的长方形的薄壁细胞，即形成层；在形成层的内方有大型的导管和一些小型薄壁细胞，这一部分即是木质部；近形成层处的导管口径较大为后生木质部；近髓部的导管口径小，为原生木质部。

③ 髓射线　在两个维管束之间的一群薄壁细胞，排列成放射状，内接髓部，外接皮层。

④ 髓　即维管束内方，维管柱的中心部分，全为薄壁细胞所组成，较老的茎，髓部中空形成髓腔。

若切取较老的茎，则由于形成层活动的结果已有了次生构造，即在形成层内方形成了次生木质部，形成层向外分裂产生了次生韧皮部。同时在髓射线中也出现了形成层，叫做束中形成层，它与束中形成层连成一体成整圈。

2. 双子叶植物木本茎的次生构造——椴树茎

取椴树茎横切面玻片标本，先在低倍镜下观察，分出周皮、皮层、韧皮部、形成层、木质部、年轮、髓、髓射线、维管射线（次生射线）等部分，然后再在高倍镜下详细观察各部的细胞（图 6-2）。

（1）表皮

表皮即最外一层细胞，并有很厚的角质层，在切片上被染成红色，有些地方已脱落。

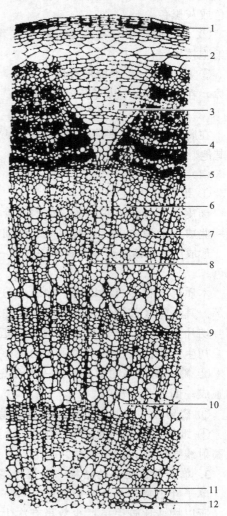

图 6-2　椴树三年生茎（局部）横切面
1—周皮；2—皮层；3—韧皮射线；
4—次生韧皮部；5—维管形成层；6—维管射线；
7—次生木质部（三年生年轮）；8—木射线；
9—晚材；10—早材；11—后生韧皮部；
12—原生木质部
（引自周仪）

（2）周皮

在表皮以内的数层扁平的细胞，仔细观察，可分以下三层。

① 木栓层　紧接表皮以内，在老茎上即最外的数层细胞。胞壁已栓质化（没有染上颜色，故为无色透明），细胞只一空腔，内有一些丹宁等物质被染成浅蓝色或灰黑色。

② 木栓形成层　在木栓层的内方有一层扁平形的细胞，胞内充满细胞质并有细胞核。

③ 栓内层　在木栓形成层之内方，有一两层细胞，当生活时细胞内含有叶绿体，在切片内染成紫色。

（3）皮层

在周皮以内的一些薄壁细胞即是皮层。切片内呈深蓝绿色，细胞内含有结晶体及其他贮藏物质。

（4）维管柱

① 维管束

韧皮部：包括一些染成绿色的筛管、伴胞和许多薄壁细胞，此外，还可以看到一些成束的被染成红色的韧皮纤维细胞。

形成层：在韧皮部与木质部之间的一两层排列整齐的扁平的细胞。常被染成浅绿色。

木质部：在形成层以内，除中央的髓部以外，所有被染成红色的部分即是木质部。其中绝大部分是次生木质部，注意有无年轮，年轮中的早材与晚材如何区别？切片上有几个年轮在木质部内接近髓部的一些小型导管是初生木质部的导管，初生木质部只占整个木质部的很小一部分。

② 髓　髓在茎的中心，由一些薄壁细胞构成，髓的外围几层形小染色深的细胞成一圈，为环髓带。

③ 髓射线　一些呈放射性排列的薄壁细胞，由髓直达皮层。

④ 维管射线　在维管束内的一些类似髓射线的构造，一般只有一列细胞，比髓射线要窄，为次生射线。

3. 单子叶植物茎的结构——玉米茎

单子叶植物和双子叶植物的茎有许多不同。大多数单子叶植物茎只有初生构造，所以构造比较简单；少数虽有次生构造，但也和双子叶植物的茎不同。现以禾本科植物的茎为代表，观察单子叶植物茎的结构特点。

（1）表皮

在茎的最外一层细胞为表皮。横切面呈扁方形，排列整齐，外壁增厚，有的细胞较小，壁上有发亮的硅质加厚。表皮上有气孔，从横切面上可观察到很小的细胞是保卫细胞。保卫细胞旁是较大的副卫细胞。

用新鲜材料可以直接刮取玉米幼茎的表皮制成临时装片，观察其表皮的细胞结构：在玉米茎的表皮上可以看到一种长细胞、两种短细胞和气孔器有规律地排列。长细胞外壁角质化，这类长细胞组成表皮的大部分。短细胞一种是细胞外壁栓化的细胞，另一种是细胞外壁含有二氧化硅的硅细胞，两种短细胞位于长细胞之间。此外，表皮上还有哑铃形的保卫细胞和副卫细胞形成的气孔器，但数量不多，排列稀疏（图6-3）。

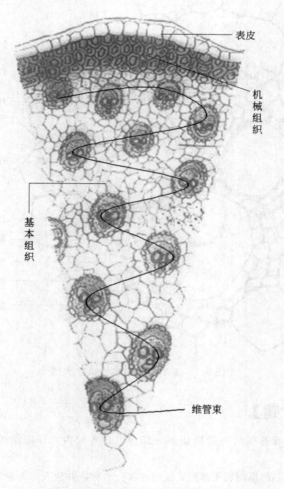

图6-3 玉米茎（局部）的横切面

（2）基本组织

在成熟的茎中，靠近表皮处，有1～2层细胞排列紧密，形状较小，是厚壁细胞组成的外皮层。它们排列成一保护环，每隔一定距离为气孔区所中断，气孔与气孔下的气腔相连。内部为薄壁的基本组织细胞，细胞较大，排列疏松，并有细胞间隙，越靠茎的中央，细胞直径越大。

（3）维管束

在基本组织中，有许多散生的维管束（图 6-4）。维管束在茎的边缘分布多，每个维管束较小，在茎的中央部分分布少，但每个维管束较大。因此，在玉米茎中没有皮层、维管柱及髓之间的明显界限。

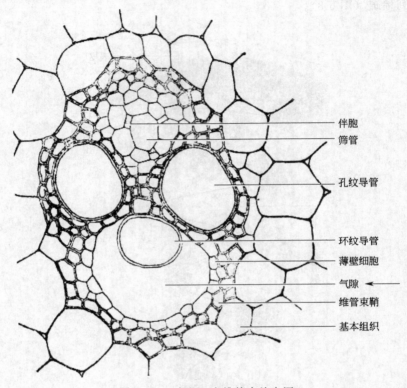

图 6-4　玉米茎一个维管束放大图

【作业与思考题】

1. 绘制向日葵或苜蓿幼茎的横切面一部分（自外向内）详细结构图，并注明各部分名称。

2. 绘制玉米幼茎的横切面轮廓图，注明各部分名称，并放大一个维管束细胞图，注明各部分名称。

3. 茎的次生结构是怎样形成的？

实验七　叶的结构

一、目的与要求

通过女贞叶、棉花叶、夹竹桃叶、玉米叶、小麦叶的观察，了解各种类型叶的解剖结构。

二、材料与用品

女贞叶横切片、棉花叶横切片、夹竹桃叶横切片、玉米叶横切片、小麦叶横切片。

三、方法与步骤

1. 女贞叶的构造——中生植物的叶

取女贞叶横切片（即与中肋相垂直的切片），置显微镜下观察，注意下列各种构造（图7-1）。

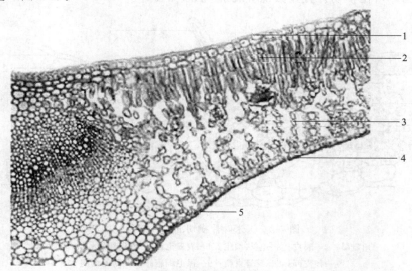

图 7-1　女贞叶横切

1—上表皮；2—栅栏组织；3—海绵组织；4—下表皮；5—气孔

（1）表皮

在叶片的上、下两面各有一层排列整齐、紧密、呈长方形的细胞，这就是叶的表皮，表皮之外层还可看到有角质层。

（2）栅栏组织

在上下两层表皮之间的绿色部分叫叶肉，叶肉在上表皮之下有一层或两三层排列比较整齐的长圆柱状垂直于上表皮的细胞，这就是栅栏组织。注意栅栏组织的细胞内有没有叶绿体。

（3）海绵组织

叶肉中除栅栏状组织外，另有一些细胞形状不规则，排列疏松在下表皮之内方，叫海绵组织，注意海绵组织细胞与细胞间有无明显的细胞间隙，细胞内有无叶绿体。

（4）叶脉

叶片中的维管束，叫叶脉。最大的叫主脉（中脉），主脉在叶的下表皮突出，在表皮层以内，有数层厚角细胞。这样，机械组织在叶的背面特别发达，厚角组织内为数层大型的薄壁细胞，薄壁细胞中间包围着维管束。维管束中被染成红色，排成扇形，位于近上表皮处的是木质部。木质部的导管排列成行，十分清楚，木质部的下方有一片细胞较小的组织即是韧皮部，在韧皮部和木质部之间有几层扁平的长方形细胞组成的微弱形成层。

另外取棉花叶横切片观察，并与女贞叶比较有何不同。

2. 玉米叶的构造——单子叶植物的叶

取玉米叶的横切片置显微镜下观察（图7-2）。

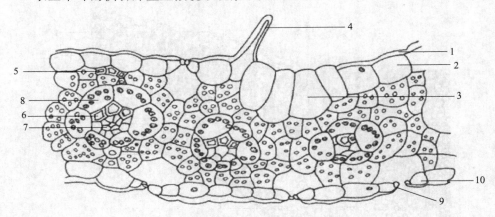

图 7-2 玉米叶片横切面（一部分）

1—角质层；2—表皮；3—泡状细胞；4—表皮毛；5—厚壁组织；6—木质部；
7—韧皮部；8—维管束鞘；9—保卫细胞；10—副卫细胞

（引自周仪）

（1）上下表皮，表皮细胞排列较规则，切面稍近方形，细胞的外壁有加厚之角质层，上下表皮上均有气孔分布，每一气孔的内方，有一较大的细胞间隙叫做气室，在上表皮细胞之中有一些特别大型的细胞，其外壁无角质层，这便是运动细胞。

（2）叶肉

玉米的叶肉组织较为均一，无明显的栅栏组织和海绵组织之分，除上述气室以外，细胞间隙很小。

（3）叶脉

叶内之维管束平行排列，每一维管束外围有一层形大透明的细胞，叫做维管束鞘，找一大型叶脉观察，可以看到木质部中的大小导管和韧皮部的筛管、伴胞等的横切面，较大维管束的上方均具有厚壁细胞，即叶的机械组织。

另取小麦叶横切片观察，试比较二者结构上有何异同。

3. 夹竹桃叶横切片——旱生植物的叶

取夹竹桃叶横切片在显微镜下观察（图2-3）。

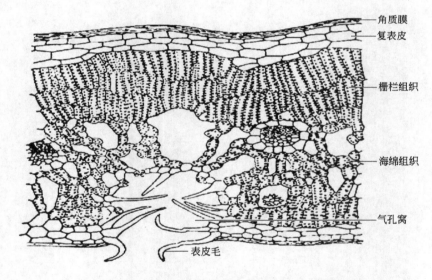

图 7-3　夹竹桃叶的横切面（引自李扬汉）

（1）表皮

由三层细胞组成，细胞壁外表有厚的角质层。

（2）气孔

位于下陷的气孔窝内，气孔窝内有大量的表皮毛。

（3）叶肉

由栅栏组织和海绵组织组成，注意观察与中生的植物女贞或棉花叶有无区别。

（4）叶脉

注意观察叶脉与中生的植物女贞或棉花叶有无区别。

【作业与思考题】

1. 绘制双子叶植物女贞叶或棉花叶横切面图，并注字说明。
2. 绘制单子叶植物玉米叶横切面图，并注字说明。
3. 列表比较女贞叶、玉米叶在结构上的特征（附图）。
4. 夏天正午，烈日当头，玉米、高粱的叶往往向内卷曲，清晨又复展开，这是什么原因？

实验八　　花药和子房结构的观察

一、目的与要求

了解被子植物花药和子房的解剖结构及胚的发育过程。

二、材料与用品

1. 材料

百合（或黄花菜）花药横切片、百合（卷丹）子房横切片、小麦花药横切片、棉花子房横切片、荠菜幼果纵切片、荠菜成熟果实纵切片。

2. 用品

显微镜、载玻片、盖玻片、5％KOH溶液、解剖针。

三、方法与步骤

1. 百合幼嫩花药的结构

取百合幼嫩花药横切片于低倍镜下观察（图8-1），可见花药由两对花粉囊及两者间的药隔所组成，药隔中部有一维管束，其四周为薄壁细胞，外形似蝴蝶状。幼嫩百合花药的花粉囊壁可分为如下几层：

（1）表皮

花药最外的一层细胞。

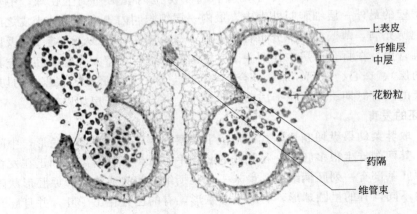

图 8-1　百合幼嫩花药的横切面

（2）药室内壁（纤维层）

紧靠表皮内方的一层较大细胞。

（3）中层

纤维层内方 2～3 层较小薄壁细胞，包围着花粉囊。

（4）绒毡层

绒毡层为花粉囊壁最内一层细胞，细胞大、质浓、多核、有大液泡。花粉囊内有许多花粉母细胞。

2. 百合成熟花药结构

观察百合成熟花药横切片，可见其花粉囊壁发生如下变化。

（1）纤维层细胞壁出现条纹状的木化加厚部分，此部分的收缩引起花粉囊的开裂。

（2）绒毡层及大部分中层细胞已消失。

（3）药室中的花粉粒已成熟，有的制片中还可看到二细胞（营养细胞和生殖细胞）时期花粉粒。你所观察的百合花药属于哪个时期呢？

3. 小麦花药结构及花粉粒的形成

观察不同发育时期小麦花药横切制片，幼期小麦花药花粉囊壁也由表皮、纤维层、中层、绒毡层构成，后期中层、绒毡层相继消失，仅剩下表皮、纤维层，花粉囊内也由幼期的花粉母细胞阶段进入二分体、四分体或成熟花粉粒时期。你所观察的小麦花药属于哪个时期？并注意小麦花粉粒的结构和发育时期。

黄花菜花药与百合花药结构相似。

棉花花药仅有两个花粉囊。

4. 百合或棉花子房结构的观察

百合子房是由三心皮连合而成的复雌蕊（图 8-2）。各心皮的两侧弯向子房内互相连接形成隔膜，形成三个子房室，每子房室内有两列倒生胚珠，中轴胎座。子房壁的最外一层细胞叫外表皮，最内一层细胞叫内表皮，内外表皮之间为薄壁细胞所充满，薄壁细胞中分布有维管束。每心皮在背缝线、腹缝线处及胎座中都有维管束。在百合子房中找到一个完整的胚珠进行观察。完整的胚珠应具有珠被（两层）、珠心、珠柄、珠孔、合点等部分，珠心中有胚囊，根据你的切片，判断胚囊的发育时期。取棉花子房横切片观察，并与百合子房加以对比。

5. 胚的发育

（1）取荠菜幼果纵切制片，置低倍镜下观察。荠菜幼果呈倒三角形，中间有假隔膜，其两侧着生很多胚珠。在胚珠的胚囊中可看到胚乳游离核和正在发育的原胚，原胚基部有一列胚柄细胞，最末一个胚柄细胞膨大成泡状。原胚形状随发育时期而不同，有的呈圆球形，有的呈心脏形，有的已分化出子叶，并且胚开始伸长。

取荠菜成熟果实纵切面制片，在低倍镜下观察种子种皮内成熟胚的结构。试

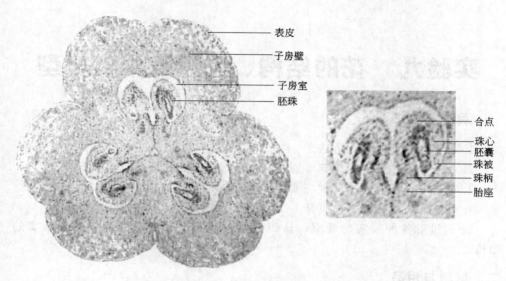

图 8-2　百合子房的横切面

区分胚根、胚轴、胚芽和子叶，注意有无胚乳存在。

（2）活体观察荠菜胚的发育过程。若无荠菜幼果纵切制片，可选取正在生长的荠菜大小不同的角果，用解剖针挑出胚珠或不成熟的种子，放在载玻片上，滴一滴 5% KOH 溶液，盖上盖玻片，然后用手指轻轻挤压盖玻片，将胚挤出（若有 KOH 溢出，要用吸水纸或纱布揩去，以免腐蚀镜头），将制片放显微镜下观察，随着角果的大小不同，可见胚的各个发育时期。

【作业及思考题】

1. 绘出小麦花药横切面细胞图。
2. 绘出百合花药、子房横切面细胞图。
3. 花药、花粉粒是如何发育的？
4. 胚珠、胚囊是如何发育的？
5. 胚、胚乳是如何发育的？
6. 何为双受精现象？其意义如何？

实验九　花的结构、花序及果实类型

一、目的与要求

1. 掌握解剖镜的使用方法。
2. 了解被子植物花的外部形态及其各个组成部分的特点。
3. 熟悉被子植物花的几种主要类型。
4. 掌握各种类型的花序特征。
5. 通过对各种果实的观察，认识果实的类型、分类原则及各类型果实的结构。

二、材料与用品

1. 材料

各种花序的浸制标本：桃、青菜、小麦、水稻、蜀葵、蚕豆、金丝桃、向日葵、野芝麻、紫花地丁、陆地棉、泡桐、黄瓜、百合、石竹、桑、梨、虎耳草、绣球绣线菊、天竺葵、车前、毛白杨、玉米、异叶天南星、金盏菊、无花果、女贞、野胡萝卜、花楸、香雪兰、唐菖蒲、繁缕、泽漆、益母草、石楠、玉兰等植物的花和花序。

番茄、柑橘、黄瓜、梨、苹果、绿豆、梧桐或八角茴香、牵牛花、棉花、马齿苋、车前草、罂粟、木槿、油菜、白菜、荠菜、独行菜、向日葵、荞麦、小麦、水稻、桃树、枫杨、胡萝卜、窃衣、板栗、悬钩子、桑、无花果等的新鲜或储存的果实。

2. 用品

解剖镜、载玻片、放大镜、刀片、镊子、解剖针、吸水纸、培养皿、滴管。

三、实验内容与方法

1. 花的结构

首先学习使用解剖镜，并练习在解剖镜下使用解剖针解剖花。

（1）桃的花部结构

取一朵桃花，先自外向内逐层观察花萼、花冠、雄蕊和雌蕊的数目、外部形态和着生情况。然后将桃花沿纵向切开，在实体解剖镜下做进一步观察。

通过上述观察，了解到桃花是典型的完全花，具外轮花被（花萼）和内轮花被（花冠），花两性，同时是花冠呈辐射对称的整齐花。桃花的结构可代表一般花的基本结构。

（2）青菜花部结构

取一朵青菜花，由外而内观察排列于花托上的花的各个部分。

① 花柄。

② 花托。

③ 花萼。

④ 花冠。

⑤ 雄蕊群。

⑥ 雌蕊群为复雌蕊，可分为柱头、花柱及子房三个部分。由两个合生心皮组成。子房上位，由假膜隔成二室，侧膜胎座，胚珠着生在假隔膜与心皮结合的地方。

（3）小麦花部结构

小麦的整个麦穗是一个复穗状花序，以小穗为基本单位。许多小穗（穗状花序）以互生的方式着生在穗轴的两侧。

用镊子取下一个小穗进行解剖和观察，最外两片为颖片，其内为数朵互生的小花，但上部几朵花常不能正常发育，只有下部2～4朵是能发育的。每朵发育正常的花具有2个苞片，叫外稃和内稃；两性花，雄蕊三枚；雌蕊由两个合生心皮组成，花柱不明显，柱头2，呈羽毛状。子房上位。

此外，在外稃内侧基部有两个浆片，开花时，能强烈吸水膨大，使内外稃张开。禾本科植物的花都与此大同小异。想一想，这样的结构对小麦的开花和传粉有何作用。

对比观察水稻花部结构，与小麦花部结构相比较，有何异同点，哪一种花的花部结构较为原始呢？

2. 雄蕊的类型

雄蕊由花丝和花药组成。一些植物的雄蕊由于花丝长短不同，花丝、花药具有不同程度的联合或分离情况，形成了不同的雄蕊类型。主要有下列几种：

（1）单体雄蕊

取蜀葵的花加以观察，雄蕊多数，花丝部分联合成筒状，而花药仍各自分离，形成单体雄蕊。

（2）二体雄蕊

取蚕豆的花进行解剖观察，雄蕊10枚，其中9枚的花丝愈合而花药分离，另1枚雄蕊单生，形成二体雄蕊。

（3）多体雄蕊

解剖观察金丝桃的花，雄蕊数目为多数，分成若干组，每组雄蕊的花丝部分联合，上部花丝和花药仍保持分离，形成多体雄蕊。

（4）聚药雄蕊

解剖观察向日葵的花，5个雄蕊，花丝各自分离，花药相互联合在一起成筒状，形成聚药雄蕊。

（5）二强雄蕊

解剖观察野芝麻的花，每朵花中有4枚雄蕊，其中2枚雄蕊的花丝较长，另2枚花丝较短，构成二强雄蕊。

（6）四强雄蕊

解剖观察青菜的花，可见一朵花具6枚离生雄蕊，其中4枚雄蕊的花丝较长，另2枚雄蕊的花丝较短，构成四强雄蕊。

3. 雌蕊的类型

雌蕊由柱头、花柱和子房三部分组成。雌蕊的组成单位是心皮。

（1）单雌蕊　分别观察桃、玉兰花中的雌蕊，了解单雌蕊的类型。

（2）复雌蕊

① 单室复雌蕊　观察紫花地丁的花。紫花地丁的雌蕊是由三心皮联合而成的单室复雌蕊。每一腹缝线上着生两列胚珠，受精后发育成蒴果。当蒴果沿背缝线开裂后，可明显看到每一腹缝线上着生的两列细小种子。

② 多室复雌蕊　观察棉花、泡桐等的花部结构，判断它们是几心皮、几室。

4. 胎座及其类型

胚珠在子房内着生处的肉质突起称为胎座。由于心皮的数目和心皮联接的情况而分为不同类型。主要类型如下。

（1）边缘胎座单雌蕊，子房一室。以蚕豆的花为例。

（2）侧膜胎座复雌蕊，子房一室。观察黄瓜花。

（3）中轴胎座复雌蕊，子房数室。观察百合花。

（4）特立中央胎座复雌蕊，子房一室。一般认为，其形成是由于中轴胎座的室间分隔和中轴的上半截消失。观察石竹花。

（5）基生胎座复雌蕊。观察向日葵花。

（6）顶生胎座复雌蕊。观察桑花。

5. 子房的位置

子房着生在花托上的位置一般有三种情况。

（1）子房上位，观察青菜花。

（2）子房下位，观察梨花。

（3）子房半下位，观察虎耳草的花。

6. 花序

许多花按照一定的规律排列在总花轴上，称为花序。根据花序轴的长短、分枝与否、花柄有无、花开放的次序，花序可分为无限花序和有限花序两大类。

（1）无限花序

① 简单花序

- 总状花序
- 伞房花序
- 伞形花序
- 穗状花序
- 柔荑花序
- 肉穗花序
- 佛焰花序
- 头状花序
- 隐头花序

② 复合花序

- 圆锥花序
- 复伞形花序
- 复伞房花序
- 复穗状花序

（2）有限花序

① 单歧聚伞花序

- 蝎尾聚伞花序
- 螺状聚伞花序

② 二歧聚伞花序

③ 多歧聚伞花序

（3）混合花序

对照实验指导书，认真观察各类标本与实验材料，掌握其结构特征。

7. 果实

（1）果实的结构

观察桃、苹果新鲜果实横切面或液浸标本。桃是真果，由子房发育而来，它的最外层较薄而有毛是外果皮，其内肥厚、肉质、多汁供食用部分为中果皮，内果皮坚硬，其内含一粒种子。

苹果是由下位子房和花筒愈合发育而来的肉质假果。花筒与外果皮、中果皮均肉质化，无明显界限，为食用部分；内果皮木质化，常分割成4～5室，中轴胎座，每室含两粒种子。

（2）果实的类型

将各类果实分别进行横切与纵切，在放大镜下仔细观察，并比较各类果实结构上的不同，将各类果实区分归类。

① 单果

- 肉质果，包括浆果、核果、柑果、梨果等。
- 干果，包括裂果（蓇葖果、荚果、角果、蒴果）和闭果（瘦果、颖果、坚果、翅果、分果）。

  ② 聚合果

  ● 聚合蓇葖果

  ● 聚合瘦果

  ● 聚合坚果

  ● 聚合核果

  ③ 聚花果（又称复果）

【作业与思考题】

1. 分别绘出桃花、小麦花的纵切面图，注明花的各部分名称。
2. 分别绘出螺状聚伞花序和蝎尾状聚伞花序的简图，注意两者的区别。
3. 如何判断子房着生的位置？以实例列举出子房位置和花的位置的几种类型。
4. 如何判断雌蕊心皮的数目？
5. 如何区别有限花序和无限花序，将所观察的花序类型列成表格。

实验十 植物界类群（低等植物）

一、目的与要求

通过对藻类、菌类、地衣等代表种类的观察，掌握蓝藻、绿藻及褐藻，真菌门、地衣门植物的主要特征。了解它们在植物系统中的地位，学习低等植物实验观察的一些基本方法。

二、材料与用品

1. 材料

植物界大类群幻灯片，念珠藻、颤藻、衣藻、水绵、轮藻及海带的生活材料或液浸标本。衣藻、团藻及水绵（有性生殖）、轮藻永久制片等。黑根霉、酵母菌、青霉、曲霉、伞菌、地衣植物的生活材料或液浸标本。黑根霉、酵母菌、青霉、曲霉、伞菌的永久制片等。壳状地衣、枝状地衣、叶状地衣的盒装干标本。菌类、地衣植物幻灯片。

2. 用品

多媒体显微演示系统、显微镜、镊子、解剖针、载玻片、盖玻片、纱布、吸水纸、蒸馏水、I_2-KI 溶液。

三、方法与步骤

1. 用多媒体显微演示系统演示植物界大类群图像资料（低等植物部分）。

2. 藻类植物（algae）

藻类植物是地球上最原始、最古老的植物类群之一，约 2 万余种。其分布极广泛，绝大多数生活在水中，少数生活在陆地上潮湿的地方。植物体含有叶绿素和其他色素，为自养型植物。植物体具多种类型，有单细胞、群体和多细胞个体。根据藻类所含色素、植物体细胞结构、贮藏养料、生殖方式等不同，又可分为蓝藻、绿藻、褐藻、红藻等几个大门。

（1）蓝藻门（Cyanophyta）

蓝藻是一类最低等、构造最简单的原核植物，也是植物发展史上最早出现的类群。植物体为单细胞或群体。主要特征是无细胞核和其他细胞器的分化，为原核细胞（图 10-1），没有有性生殖。含叶绿素 a、藻蓝素，植物体呈蓝绿色，贮藏蓝藻淀粉。

① 念珠藻属（*Nostoc*）　生于水中、潮湿土表或岩面上，属固氮蓝藻（图

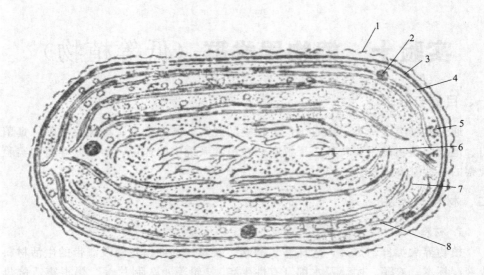

图 10-1　电子显微镜下蓝藻细胞构造示意图

1—胶质鞘；2—类脂颗粒；3—细胞壁；4—质膜；5—核糖体；

6—原始核；7—光合作用片层；8—糖原颗粒

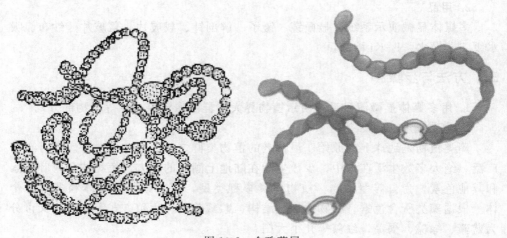

图 10-2　念珠藻属

10-2）。取新鲜或液浸地木耳（*N.commue*）一块，观察其外形为胶质片状，再用手摸有何感觉？

　　用镊子撕取一小块胶质，置于载玻片中央，加一滴清水，并用镊子或解剖针将胶质小块尽量压碎使其分散，加盖玻片，放置低倍镜下观察，可见植物体外面有很厚的胶质鞘，内面有许多念珠状细胞组成的单列藻丝，丝外被有胶质鞘，换高倍镜观察，区分每条藻丝中细胞的类型，即营养细胞、异形胞和厚垣孢子。

在观察营养细胞时，通过调节显微镜的细调节器，即可观察到细胞中央区域和周缘区域。一般在中央色淡区域为核质部分，周缘色深处（蓝绿）即为色素质。

在丝状体的细胞中，有较大型的异形细胞将丝状体隔开成段（称藻殖段），异形细胞壁厚，与营养细胞相连处内壁有球状加厚，叫做节球，由于细胞内缺乏藻蓝素而呈淡黄绿色，因此与营养细胞容易区别（观察异形胞和胶质鞘时应将视野中光线稍调暗一些）。它们的功能与营养繁殖和固氮有关。

在藻丝中有时还可以看到连续几个大型椭圆形厚壁细胞，细胞内含物变稠，故色较深，它们是厚壁休眠孢子（厚垣孢子）。这些孢子经休眠萌发成新的丝状体。

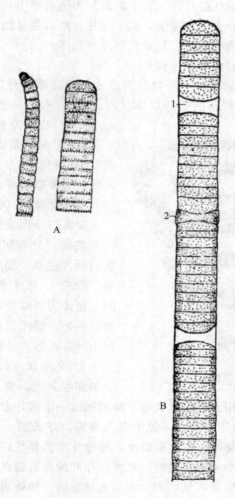

图 10-3　颤藻属
A—颤藻属的 2 种；B—丝状体（1—死细胞；2—隔离盘）

② 颤藻属（*Oscillatoria*） 生于湿地或浅水中，尤以污水沟渠中最多，常在浅水底形成一层蓝绿色膜状物，或成团漂浮于水面。

用解剖针挑取少量颤藻丝状体做临时装片。在低倍镜下观察，可见藻体由一列短圆筒（盘）形细胞组成不分支的丝状体，外无胶质鞘，丝状体作左右摆动运动，由此而得名颤藻（图 10-3）。选取丝状体较宽、细胞较长的种类用高倍镜观察，注意藻丝体细胞列中有无双凹形的死细胞或隔离盘，比较这两种细胞有何不同，它们和颤藻繁殖有何关系？分清何为一个藻殖段。

③ 鱼腥藻属（*Anabaena*） 多生于池塘、沟渠或有机质丰富的湖泊水库中，有的与蕨类植物满江红共生，也为固氮蓝藻。用吸管取一滴含有鱼腥藻的标本制成临时装片，或取几个满江红叶片，置于载玻片中央水滴中，用镊子将满江红叶片挑开，再反复挤压，弃去叶片残渣，加上盖片，然后在显微镜下观察，注意每条丝的三种类型细胞（营养细胞、异形胞和厚垣孢子），并和念珠藻属进行比较，二者有何相同之处？又有何明显区别？

④ 螺旋藻属（*Spirulina*） 多数种为多个细胞连接的丝状群体，少为单细胞，但两者的形态均为规则的螺旋状体（图 10-4）。吸取一滴极大螺旋藻（*S. maxima*）培养藻液做临时装片（或永存片），在显微镜下注意观察其形态、颜色和运动方式，注意群体细胞界限。思考螺旋藻有何经济价值？

（2）绿藻门（Chlorophyta）

绿藻门是藻类植物中种类最多的一大类群，分布极广，以淡水最多。它们所含色素、细胞壁成分、贮藏营养（淀粉）、顶生鞭毛和高等植物相同，藻体为鲜绿色，被认为是高等植物的祖先。绿藻门植物的形态、结构和生殖方式各式各样。

① 衣藻属（*Chlamydomonas*）

图 10-4 螺旋藻属

是单细胞藻类，常生活在有机质较丰富的水沟或临时水中。用吸管吸取含有衣藻的水液一小滴，制成临时装片（或衣藻永久玻片），置显微镜下观察，可见衣藻为卵形、球形的单细胞绿藻，细胞壁薄，前端具两根等长的鞭毛，因此能游动。叶绿体多为杯状，其开口位于细胞前端；在叶绿体基部有一个大的蛋白核，色淡；在叶绿体近前部侧面有一个红色眼点；在细胞前端细胞质中常可见到两个发亮的伸缩泡。活体观察后可从盖玻片一侧加一滴 I_2-KI 溶液将细胞杀死并染色，此时可见蛋白核上聚集的淀粉被染成蓝紫色，细胞前端两条鞭毛因吸碘膨胀变粗而清晰可见。细胞核位于叶绿体围绕的腔内的细胞质中，较小，被染成橘黄色。

　　在实验材料中经常可以看到有些衣藻没有鞭毛，并且不能游动，而且细胞内又有2个、4个、8个子原生质体，这是衣藻在进行无性生殖，此时的衣藻已转变成游动孢子囊，待游动孢子形成后，这些游动孢子通过母细胞壁破裂后释放出来。如果观察到具4条鞭毛和2个蛋白核的衣藻，说明衣藻在进行有性生殖。在视野中有时会看到橘红色、壁厚并具有刺状突起的小球形体，这是衣藻的成熟合子。衣藻生活史如图10-5所示。

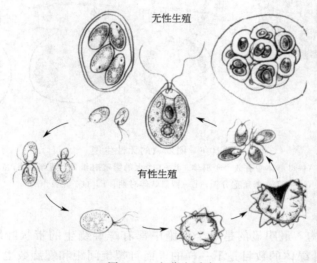

图10-5　衣藻生活史

　　② 小球藻属（*Chlorella*）　多生活在有机质丰富的水中，是一种不具鞭毛、不能运动的单细胞藻类。

　　③ 团藻属（*Volvox*）　为多细胞群体。在显微镜下可见团藻是由数百个或数万个衣藻型的细胞以胞间连丝连接而成的球形藻体。细胞具外胶质鞘，球体中央充满液体，每个细胞的两根鞭毛露出鞘外，但不易在制片中看到，有的团藻在充满液体的腔中可看到一个至数个由无性生殖产生的未脱离母体的子团藻个体，有的群体腔中具有由有性生殖产生的合子，合子细胞大且具有突起的花纹和黄色的厚壁。团藻属的无性生殖过程如图10-6所示。

　　④ 水绵属（*Spirogyra*）　为多细胞不分支的丝状体，是淡水池塘和沟渠中最常见的一类丝状绿藻。

　　首先用手指触摸水绵丝状体是否有黏滑的感觉，然后用镊子取少量水绵丝状体做临时装片（注意用针把丝状体拨散开），在显微镜下观察。再取水绵接合生殖永久玻片装片观察。

　　a. 藻体的形态　水绵为单列细胞组成的不分支的丝状体，注意有无细胞

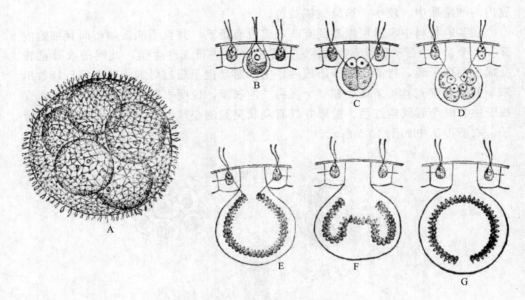

图 10-6 团藻属的无性生殖

A—母群体中有数个子群体；B—1 个大的繁殖孢和 2 个营养细胞；

C，D—繁殖孢分裂；E—器皿状体时期；F，G—翻转作用

分化。

　　b. 细胞结构　　最明显的是每个细胞中都有螺旋绕生的带状叶绿体。但水绵属不同种植物叶绿体的数目是不一样的，而且螺旋间距和螺旋数也不同。注意在叶绿体上蛋白核的数目和排列方式有何特点。

　　c. 接合生殖　　水绵在春季和秋季多发生接合生殖，接合生殖包括梯形接合和侧面接合。此时藻体的颜色由鲜绿变为黄绿，且常成片漂浮在水面上。注意梯形接合生殖有以下几个主要时期：两条并列藻丝的细胞中部侧壁突起；两相对细胞突起接触形成接合管；两相对细胞（配子囊）的原生质体浓缩成配子；一个配子通过接合管向另一配子囊流入；一条藻丝的配子囊变空，另一条藻丝的配子囊中形成合子。想想这种现象说明了什么？

　　⑤ 轮藻属（*Chara*）　　藻体为高度分化的一类绿藻（图 10-7），多生于淡水中，尤其在含有钙质或硅质较多的浅水湖泊、池塘或稻田中大片生长。

　　轮藻属植物体多为大型，一般高约几十厘米，以假根固着于水底的淤泥中。首先用放大镜观察轮藻外形：分辨轮藻主枝、侧枝和轮生短分枝，其假根生在何处？分辨植物体上节和节间，以及轮生短分枝节上的单细胞苞片和小苞片。轮藻的生殖器官就生在轮生的小枝的节上。橘红色的精囊球肉眼可见。再取轮藻永久装片置显微镜下，首先观察卵囊球和精囊球生长的位置，并比较其形状和大小，它们有什么不同？轮藻有性生殖为卵式生殖。

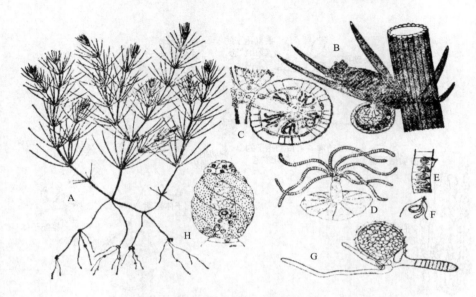

图 10-7 轮藻门两属

A～G—轮藻属（A—藻体，假根上有珠芽；B—藻体的一部分，示节上的轮生假叶、卵囊球和精囊球；
C—精囊球的切面；D—1 个盾细胞及盾柄细胞、头细胞、次生头细胞和精子囊丝体；E—精子囊丝体；
F—精子；G—受精卵萌发）；H—丽藻属的卵囊球，示 10 个冠细胞组成的冠

（3）褐藻门（Phaeophyta）

本门藻类绝大多数生活在海水中，只有几种生活在淡水中。它们的藻体为大型，外形上有类似高等植物"根"、"茎"、"叶"的分化和组织分化；含叶绿素 a 和叶绿素 c 及较多的叶黄素和胡萝卜素，故藻体一般为黄褐色。褐藻和人类关系密切，经济意义大。

以海带（*Laminaria japonica*）为材料，先观察海带液浸标本或腊叶标本，可见孢子体外形由假根状的固着器、矩柱形的柄及扁平带片三部分组成。再仔细观察带片，注意没有孢子囊形成的区域和具孢子囊区域的区别。带片两面深褐色的斑块，就是具有孢子囊的区域。

取带片的永久横切玻片，置显微镜下观察，可分为表皮：带片两面最外的 1～2 层小型、排列紧密并具色素体的细胞；皮层：位于表皮内的多层细胞，靠近表皮下方几层细胞较小，有的还含有色素体，为外皮层，其内可看到黏液腔，在外皮层内方较大而无色的细胞为内皮层；髓部：带片中央疏松的部分，是由细长的髓丝和端部膨大的喇叭丝所组成，具有输导功能。

海带的生活史如图 10-8 所示。

（4）硅藻门（Bacillariophyta）

硅藻门种类很多，生于各种水域或附生于水中各种基物上，常使其表面呈黄

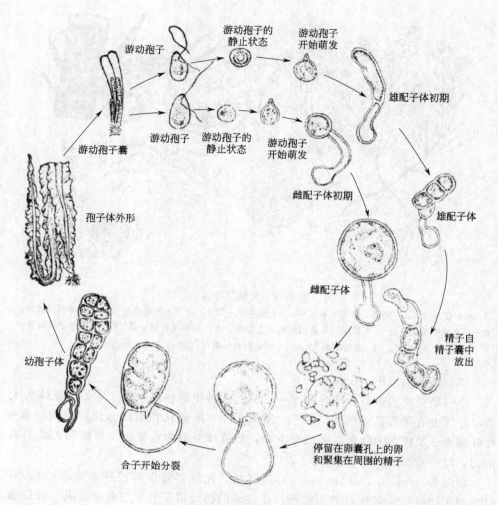

图 10-8　海带的生活史

褐色。采集时可连同基物一同取上。

3. 菌类植物（Fungi）

菌类植物多不含色素，不能进行光合作用，它们的生活是异养的。菌类植物可分为细菌门（Schizomycophyta）、黏菌门（Myxomycophyta）、真菌门（Eumycophyta）。

（1）藻菌纲（Phycomycetes）

除原始的种类为单细胞外，都是分支的丝状体。通常无横隔壁而有多核。无性繁殖产生游动孢子和孢囊孢子。有性生殖有同配、异配、卵配或接合生殖。水生、陆生或两栖。

黑根霉　黑根霉是一种常见的腐生菌，常生长在馒头、面包或腐败的食物上。

用解剖针或镊子从装有黑根霉的培养皿中挑起稍许白色绒毛状的菌丝体，放到载玻片上的水滴中，用解剖针将菌丝拨散开，盖上盖玻片，在显微镜下观察，注意黑根霉菌丝的形态和结构特点，以及孢子梗顶端的孢子囊及其内的许多孢子（图 10-9）。

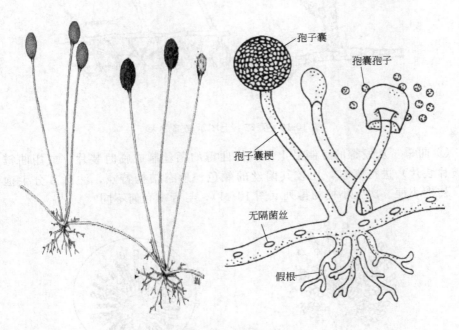

孢子囊

孢囊孢子

孢子囊梗

无隔菌丝

假根

图 10-9　黑根霉的形态

（2）子囊菌纲（Ascomycetes）

主要特征是菌丝有横隔，有性生殖时无游动孢子，产生子囊和内生的子囊孢子。子囊是两性核配的场所，结合的核经过减数分裂，形成子囊孢子，子囊孢子一般为 8 个。子实体即子囊果有三种：闭囊壳、子囊壳、子囊盘。

①酵母菌　是本纲中最原始的种类，常用于制造啤酒。植物体为单细胞，卵形，有一大液泡，核很小。在显微镜下注意观察酵母菌的细胞特点和出芽方式。

②青霉　从腐烂的柑果皮上挑取少许青霉的菌丝制成临时装片（或用青霉永久玻片装片）进行观察，注意其颜色、菌丝的形态和结构特点、分生孢子梗及分生孢子（图 10-10），与黑根霉比较有何不同？

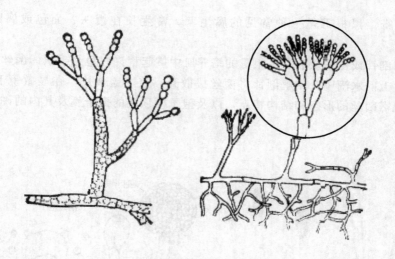

图 10-10　青霉（上图示局部放大）

③ 曲霉　从发霉的豆制品上取少许曲霉的菌丝制成临时装片（或用曲霉永久玻片装片）进行观察，比较其菌丝的颜色、形态结构特点，注意其分生孢子梗、初生小梗、次生小梗的排列（图 10-11），与青霉有何不同？

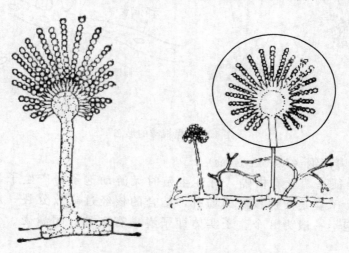

图 10-11　曲霉（上图示局部放大）

④ 伞菌　取新鲜香菇或蘑菇或液浸标本，观察子实体的基本形态，分清菌盖和菌柄。注意菌盖腹面有菌褶，观察其排列方式，菌柄上是否有菌环或菌托。

取蘑菇菌褶的切片在显微镜下观察菌褶的内部结构，比较各部分细胞的形态和结构，然后在高倍镜下详细观察担子和担孢子的结构，了解担孢子在担子上排列的方式，并注意观察侧丝的形态特点及排列方式。

图 10-12 所示为蘑菇的生活史。

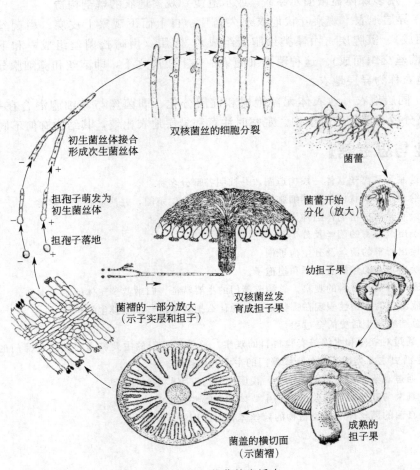

图 10-12 蘑菇的生活史

4. 地衣植物门（Licnes）

地衣是由藻、菌（真菌）共生形成的一类特殊的植物。共生的藻类主要是蓝藻和绿藻，共生菌类以子囊菌最多。

（1）观察地衣三种生长型标本

① 壳状地衣 植物体的菌丝紧贴基质，很难从基质上剥离。注意观察其上生长的许多小盘状物，为共生真菌有性生殖产生的子囊盘（高等真菌产生有性孢子的构造）。

② 叶状地衣 地衣呈叶片状，仅由菌丝形成的假根附着在基质，易于剥离，在其表面有粉状颗粒，即粉芽堆。粉芽由几根菌丝缠绕一个至数个藻细胞而成，可进行繁殖。

③ 枝状地衣　地衣呈树枝状，直立或下垂，仅基部附着于基质上。

（2）用多媒体显微演示系统（或示范镜）观察地衣的解剖构造

① 异层地衣　观察叶状地衣永久制片；自上而下观察上皮层（由菌丝紧密交织而成）、藻胞层（由藻类细胞所组成）、髓层（由疏松菌丝组成）和下皮层（亦由菌丝交织而成）。这种藻类细胞集中在上皮层之下，即菌丝和藻细胞分层组成的地衣称为异层地衣。

② 同层地衣　地衣体无藻胞层和髓层分化，即菌丝与藻细胞混合在一起，共生藻分散在菌丝和胶质中。观察时注意和异层地衣比较，其结构有何不同？

【作业与思考题】

1. 绘制念珠藻丝状体一段构造图，并注明各部分名称。
2. 绘制水绵丝状体的营养细胞结构及丝状体接合生殖图，并注明各部分名称。
3. 绘制轮藻的植物体结构。
4. 绘出黑根霉的菌丝及分生孢子梗。
5. 绘出青霉的菌丝及分生孢子梗。
6. 绘出伞菌的菌褶及担子和担孢子。
7. 通过对实验材料的观察，总结蓝藻门的主要特征，归纳蓝藻藻体的主要类型。
8. 蓝藻门的原始性表现在哪些方面？为什么把蓝藻门归入原核生物？
9. 总结衣藻生活史的全过程。
10. 通过对衣藻和水绵等实验材料的观察，总结绿藻门的主要特点，归纳绿藻门的生殖方式和生活史主要类型，并分析绿藻门的主要进化趋势。
11. 通过观察总结海带的生活史，说明褐藻门有哪些主要特征？
12. 真菌与其他类群植物的区别主要体现在哪些方面？
13. 真菌的菌丝体与藻类植物的菌丝体有何区别？

实验十一 植物界类群（高等植物）

一、目的与要求

1. 通过对苔藓植物门代表植物、蕨类植物门代表植物、裸子植物门代表植物的观察，掌握苔藓植物门、蕨类植物门、裸子植物门植物主要特征，正确理解它们在植物界中的系统地位。

2. 认识一些常见的苔藓植物、蕨类植物、裸子植物。

二、材料与用品

1. 材料

植物界大类群录像片。地钱、葫芦藓（或其他藓类）的茎叶体（配子体）、孢子体的新鲜材料或液浸标本、腊叶标本，地钱雌、雄器托纵切片，藓雌器苞、雄器苞纵切片，各种藓类腊叶标本；蕨、贯众、鳞毛蕨、芒萁孢子体的新鲜材料或液浸标本、腊叶标本。苏铁、银杏、马尾松（松树）、杉木（杉树）、侧柏（扁柏）的新鲜材料或液浸标本、腊叶标本。

2. 用品

多媒体显微演示系统、录像机、显微镜、解剖镜或放大镜、镊子。

三、方法与步骤

1. 放映植物界各大类群（苔藓植物门、蕨类植物门、裸子植物门、被子植物门）**录像片**。

观察几种蕨类植物、裸子植物的腊叶标本和新鲜材料。

2. 苔藓植物门（Bryophyta）

苔藓植物是一群小型的非维管高等植物。植物体大多有了类似茎叶的分化，但无真根，无维管组织分化，多生活于阴湿的环境中。苔藓植物的有性生殖器官为精子器和颈卵器，受精卵均发育成胚，生活史类型为配子体发达的异型世代交替，孢子体不能独立生活，寄生于配子体上。

（1）地钱（*Marchantia polymorpha* L.）

苔纲，喜生长于阴湿土坡、水沟边、岩石上。

① 观察地钱叶状体外形　取新鲜地钱或液浸标本，用放大镜观察，所见的绿色植物体，即地钱配子体。叶片状扁平，多回二叉分枝，前端凹陷处为生长点，背面绿色，生有胞芽杯，腹面灰绿色，有紫色鳞片和假根。地钱雌、雄异

株，雌配子体分叉处产生雌器托。雌器托由托柄、托盘组成，托盘为一个多裂的星状体；雄配子体分叉处产生雄器托，雄器托托盘呈盘状，边缘有缺刻。

② 观察地钱雌器托纵切片（或电视显微镜投影或示范镜）（图 11-1）　在低倍镜下观察可见：在托盘背面有 8～10 条指状芒线，在芒线之间倒挂着几个长颈瓶状的颈卵器，用高倍镜观察颈卵器结构，可分颈、腹和短柄。颈部外面围以一层颈壁细胞，其内有一列颈沟细胞；腹部围以腹壁细胞，其内有两个细胞，上面的一个是卵细胞，下面的一个是腹沟细胞。成熟颈卵器内的颈沟细胞和腹沟细胞均已解体。

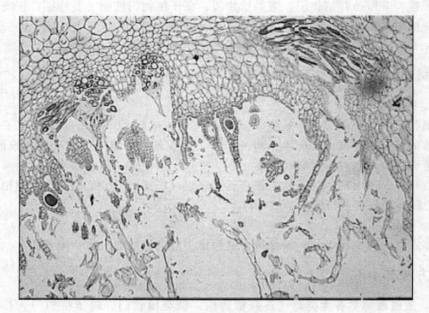

图 11-1　地钱雌器托纵切片

③ 观察地钱雄器托纵切片（或电视显微镜投影或示范镜）　可见在托盘上陷生着许多精子器腔及其开口，每个腔内有一个基部具短柄椭圆形的精子器，其内有多数精原细胞，由此产生多数精子。

④ 观察地钱孢子体示范材料　可见它生于雌器托下方，其伸入雌器托的部分称为基足，下面球形体为孢蒴，基足与孢蒴之间有一短柄，称为蒴柄，孢蒴内有圆形的孢子及长条形弹丝。

（2）葫芦藓 [*Funaria hygrometria*（L.）Sibth.]

常生长在有机质丰富、含氮肥较多的湿土上，尤其是在森林火烧迹地或林间湿地上分布较多。

① 观察葫芦藓配子体（植物体）和孢子体　取葫芦藓植株，用放大镜观察，植株矮小，长 1～3cm，直立，有茎、叶分化。茎单一或有稀疏分支，基部生有

假根。叶长舌形，螺旋状排列在茎上。雌、雄同株不同枝。雄器苞在雄枝顶端，其外面苞叶较大而外张，形似一朵花，内含很多精子器和隔丝。用解剖针和镊子剥去外面苞叶，即可看到黄褐色棒状精子器。雌器苞在雌枝顶端，其外苞叶较窄，而互相向中央包紧，似一个顶芽，其中有数个直立的颈卵器和隔丝。用同样方法可看到瓶状颈卵器。再取葫芦藓配子体上寄生的孢子体用放大镜观察，可见葫芦藓孢子体由孢蒴、蒴柄和基足三部分组成。蒴柄细长，上部弯曲，孢蒴梨形，内面产生孢子。当孢蒴顶出颈卵器之外而被撕裂的颈卵器部分附着在孢蒴外面，从而形成兜形具有长喙的蒴帽（颈卵器残余）。基足插生于配子体内。

② 观察葫芦藓有性生殖器官（多媒体显微演示系统或示范镜） 取葫芦藓雌枝、雄枝顶端纵切片观察，可见在雌枝顶端上有数个具柄的瓶状颈卵器，颈卵器外有一层细胞组成的颈卵器壁，颈部较长，内有颈沟细胞，下部为膨大的腹部，内有一个卵细胞。颈卵器之间有隔丝。颈卵器和隔丝外为雌苞叶。观察雄枝顶端的纵切片，可见着生有椭圆形基部具小柄的精子器。精子器外有一层细胞组成的精子器壁，内有精子。精子器之间有隔丝，其外有雄苞叶。

3. 蕨类植物门

蕨类植物体都是比较发达的孢子体，它们各有不同的特点，主要可从茎的特点、叶大小及形状以及孢子囊着生情况等进行识别。

（1）蕨（*Pteridum* sp.）

孢子体分根、茎、叶三部分。根状茎长而横走，密被锈黄色短毛。幼叶卷曲，成熟后平展呈三角形，二至三回羽状复叶，叶脉分离，孢子囊群线形，沿叶脉着生，连续生于叶缘与各脉相连处，囊群盖两层，有柔毛，不具鳞片。

贯众（乌鸡头）（*Cyrtomium fortunei* J. Sm.） 生于石灰岩缝、路边或墙缝中。植株由大型羽状复叶和缩短的地下根状茎组成，总叶柄密生褐色鳞片，叶片矩圆形或披针形，叶脉网状，孢子囊群生于中脉两侧。

（2）鳞毛蕨（*Dryopteris* sp.）

植株的根状茎粗短直立。密被鳞片，叶丛生，大型，一至四回羽状，末回小羽片基部对称。孢子囊群常生于叶背脉上缺刻处。

芒萁（铁芒萁）[*Dicranopteris dichotoma* (Thunb.) Bernh.] 生于向阳荒坡酸性土或马尾松林下。其最大的特点是叶柄很长，叶轴作一至多回三叉分枝，羽片背面灰白色，羽裂片锯齿状深裂。用放大镜观察一裂片背部，主脉两侧为对生侧脉，每一侧脉又有小脉 3～4 条，在每组侧脉上侧小脉的中部着生有孢子囊群，在主脉两侧各排成一行。

（3）观察真蕨孢子囊群装片

在多媒体显微演示系统上（或示范镜下）观察，可见由许多具长柄的孢子囊组成孢子囊群（图 11-2）。孢子囊壁由一层细胞组成，其上有纵生增厚的环带，孢子囊内产生许多同型孢子。

图 11-2　蕨类植物的孢子囊群

（4）观察真蕨原叶体（配子体）整体装片

可见原叶体小，绿色，呈心脏形，分背腹面。在其腹面有假根，在假根附近有球形精子器，在心形凹陷处有几个颈卵器（因制片原因，颈卵器被压扁，无法看到长瓶状）。

（5）观察真蕨幼孢子体永存装片

在低倍镜下观察真蕨幼孢子体装片，可见具幼叶及初生根的幼孢子体，仍着生在原叶体上，要依靠原叶体供应养料，直至孢子体独立生活时，原叶体才逐渐死亡。

（6）观察真蕨地下茎切片

在多媒体显微演示系统上（或示范镜下），可见地下茎表皮内有机械组织、薄壁组织和维管束分化。维管束中间为染成红色的木质部（管胞），木质部周围是染成绿色的韧皮部，为周韧维管束。

4. 裸子植物门

裸子门（Gymnospermae）植物是介于蕨类和被子植物之间的一群维管束植物。它是保留颈卵器，能产生种子的一类高等植物。

（1）观察苏铁（铁树）（*Cycas revolute* Thunb.）的新鲜材料和腊叶标本

苏铁为常见庭园栽培的常绿观赏植物，茎短不分支，顶端簇生大型的羽状复叶，雌雄异株。其雄球花（小孢子叶球）圆柱形，具短梗，其上螺旋状排列许多小孢子叶，每片小孢子叶呈楔形，背腹扁平，背面密生许多由 3～5 个小孢子囊组成的小孢子囊群。

苏铁的大孢子叶球聚生枝顶，每片大孢子叶扁平，密被黄褐色长绒毛，上部顶端宽卵形，羽状分裂，下部成窄的长柄，柄两侧着生 3～6 枚核果状、成熟时红色且顶部凹陷的裸露种子（图 11-3）。

（2）观察银杏（白果、公孙树）（*Ginkgo biloba* L.）的新鲜材料和腊叶标本

落叶大乔木，为庭园栽种的珍贵树种。顶生枝为营养性长枝，侧生枝为生殖

图 11-3　苏铁的大孢子叶球

性短枝。叶扇形，先端两裂，叶脉三叉状，在长枝上的叶互生，在短枝上的叶簇生。雌雄异株。

小孢子叶球（雄球花）：可见在短枝顶端鳞片腋内，着生多数呈柔荑花序状的小孢子叶球。每一小孢子叶具一短柄，柄端着生有两个小孢子囊（花粉囊），组成悬垂的小孢子囊群，囊内含有许多小舟状的小孢子（花粉）。

大孢子叶球（雌球花）：可见在短枝顶端，着生几个大孢子叶球。每个大孢子叶球结构极为简单，通常仅具一长柄，柄端具三叉，叉顶具盘状大孢子叶（珠托），大孢子叶上各具一枚直立的胚珠，通常只有一枚发育成种子。

（3）马尾松（松树）（*Pinus massoniana* Lamb.）

常绿乔木。生长在亚热带低海拔的酸性土上。有长枝和短枝，通常在长枝上有螺旋状排列的鳞片叶，而在鳞片叶的腋部生一极度缩短的短枝。两枚细长针叶就束生在这一极不明显的短枝上，每束针叶基部被宿存的叶鞘所包。小孢子叶球（雄球花）着生于当年生新枝基部，数量很多。每个小孢子叶球长椭圆形，成熟时呈黄褐色。

观察小孢子叶球纵切片，可见小孢子叶螺旋状着生于雄球花的中轴上，每个小孢子叶背面，有一对长椭圆形的小孢子囊（花粉囊），内具有无数小孢子（花粉粒）。每一花粉粒具两层壁，内壁薄，外壁厚，并在其下部形成两个膨大的气囊，称为翅，花粉粒内含一个较大的粉管细胞和一个较小的生殖细胞。

大孢子叶球（雌球花）常 2～3 个着生在当年生新枝的顶部，呈紫红色。观察大孢子叶球纵切片，可见大孢子叶（心皮）也是螺旋状排列于雌球花的中轴上。每片大孢子叶由珠鳞和苞鳞及两枚倒生裸露的胚珠所组成。珠鳞大而较厚，苞鳞小而较薄，一般不易观察，两者基部合生、上部离生，胚珠受精后发育为种子。

成熟球果呈卵圆形，栗褐色，质地坚硬，全部愈合，胚珠已发育为种子。雌球花时期的大孢子叶称为珠鳞；球果期的大孢子叶被称为种鳞。每片大孢子叶前端与外界接触的部分称为鳞盾，其上有鳞脐；种鳞的腹面有两枚具翅的种子。

图 11-4 所示为马尾松的生活史。

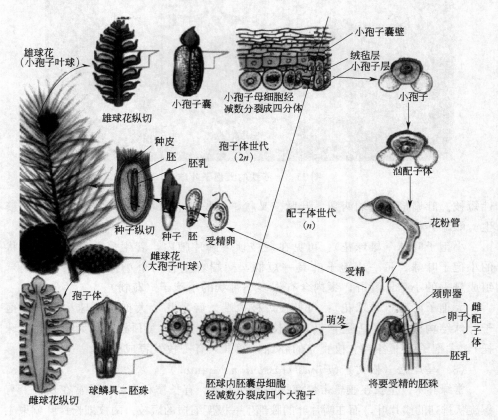

图 11-4　马尾松的生活史

（4）杉木（杉树）[*Cunninghamia lanceolata* (Lamb) Hook.]

常绿乔木，喜生长在深厚肥沃的微酸性土上。叶条状披针形，坚硬，边缘有细锯齿，基部扭转呈假二列状排列。雌雄同株，但不同枝。

与杉木同科的有水杉、水松、池杉、柳杉等，其中，水杉是我国特有、被称为"活化石"的孑遗植物，落叶乔木，常作庭园观赏树种栽培。

（5）侧柏（扁柏）[*Biota orientalis* (L.) Endl.]

常绿乔木。取着生球果的枝条观察，可见着生鳞叶的小枝扁平，同侧小枝排成一平面。叶鳞形，交互对生。雌、雄同株。

【作业与思考题】

1. 绘制地钱的颈卵器和精子器。
2. 绘制葫芦藓的雌枝端和雄枝端纵切面图并注明各部分名称。
3. 绘制蕨孢子囊群及蕨原叶体，注明各部分名称。
4. 列表比较苔藓、蕨类与裸子植物形态结构的主要差异。
5. 以葫芦藓为例说明苔藓植物的生活史。
6. 根据地钱孢子体的产生和发育过程，分析其营养方式以及它和配子体的关系，与葫芦藓比较，两者有何异同？
7. 苔纲、角苔纲和藓纲的主要区别是什么？
8. 总结苔藓植物有哪些适应陆生生活的特征。为什么苔藓植物是植物界进化中的一个盲支？
9. 详述蕨的生活史，并和葫芦藓的生活史比较有何不同？
10. 蕨类植物在适应陆生环境方面有哪些特征优于苔藓植物？
11. 苏铁和蕨类有哪些近似的特征？说明了什么问题？
12. 裸子植物的主要特征是什么？有哪些特征比蕨类植物更适应陆生环境？

实验十二　种子植物标本采集与制作方法

一、目的与要求

通过野外观察和采集植物标本，初步学会野外采集、记录方法与标本制作简单过程。

组织：以小组为单位开展工作。

二、材料与用品

每小组配备下列工具，由小组长去标本室领用。

① 不锈钢或木制标本夹一个，草纸若干。

② 采集箱或采集袋一个，或塑料袋若干。

③ 枝剪一把、挖根刀一把。

④ 手提三开放大镜，每小组共用 2 个。

⑤ 采集记录签，小标签若干，每组若干份。

⑥ 同学每人自备铅笔一支。

⑦《河南植物志》《中国高等杆物图鉴》《高等植物分科检索表》等工具书。

三、方法与步骤

1. 采集方法

（1）木本植物的采集

木本植物一般是指乔木、灌木或木质藤本植物而言。采集时首先选择生长正常、无病虫害的植株作为采集的对象，并在植株上选择有代表性的小枝作为标本。所采的标本最好是带有叶、花或果实的，必要时可以采取一部分树皮。要用枝剪来剪取标本，不能用手折，因为手折容易伤树，摘下来的枝条压成标本也不美观。但必须注意，采集落叶的木本植物时，最好分三个时期采集才能得到完整标本，例如：①冬芽时期的标本；②花期的标本；③果实时期的标本。

有些植物是先开花后长叶，像迎春、腊梅、紫荆等，那么采集时先采花，以后再采集叶和果实，就可得到完整的标本。一般地说，没有花和果实的标本不能作为鉴别物种的根据，所以必须采叶、花（或叶、果）齐全的枝条。同时标本上最好带着二年生的枝条，因为当年生的枝条，变态比较大，有时不容易鉴别。此外，雌雄异株的植物如杨树、柳树等，这类植物要特别注意采齐雌株和雄株的标本。所采标本的大小，一般长度约 42cm，高 29cm 为最适宜。这样合乎白纸的长度和宽度，压干后制作腊叶标本比较美观。

（2）草本植物的采集

高大的草本植物采集法一般与木本植物相同。除了采集它的叶、花、果各部分外，必要的时候还必须采集它的地下部分，如根茎、匍匐枝、块茎和根系等，应尽量挖取，这对于确定植物是一年生或多年生的，在记载时有很大帮助，有许多草本植物是根据地下部分而分类的，像禾亚科、竹亚科、香附子等植物，不采取地下部分就很难识别。

（3）水生植物的采集

很多有花植物生活在水中，有些种类的叶柄和花柄是随着水的深度而增长的，因此采集这些植物时，有地下茎的则可以采取地下茎，这样才能显示出花柄和叶柄着生的位置。但采集时必须注意有些水生植物全株都很柔软而脆弱，一提出水面，它的枝叶即彼此粘连重叠，携回室内后常失去其原来的形态，因此采集这类植物时，最好成束捞起，用草纸包好，放在采集箱里，带回室内立即将其放在水盆或水桶中，等到植物的枝叶恢复原来状态时，用旧报纸一张，放在浸水的标本下方轻轻将标本托出水面后，立即放在干燥的草纸里压制。最初几天，每天换3～4次的干纸，直至标本表面的水分被吸尽为止。

（4）特殊植物的采集

如棕榈科或芭蕉科，这类植物的叶子很大、叶柄长，采来的标本压制非常困难，因此采集时只能采其叶、花、果以及树皮的一部分，但是必须把它们的高度，茎的直径，叶的长阔和裂片的数目，叶柄、叶鞘的长度、形态等全部记录下来。最好给它们摄影，将照片附在标本上。此外，有些寄生性的植物，如桑寄生、列当、菟丝子等都寄生在其他植物体上，采集这类植物时必须连寄主上被寄生的部分同时采下来，并且把寄生的种类、形态同寄生的关系等全部记录下来。

采集的标本要及时放入采集袋、采集箱或塑料袋中，以免植物萎蔫。

以上所说的采集方法，采回的标本只能适用于腊叶标本的制作，如果将花或果实用药品浸制保存其原来的形态用作示范材料或实验材料，采集时必须将花和果实放在采集箱中带回室内浸制。

2. 记录方法

为什么在野外采集时要作记录工作呢？正如以上所说的，在野外采集时只能采集整个物体的一部分，而且有不少植物压制后与原来的颜色、气味等差别很大。如果所采回的标本没有详细记录，日后记忆模糊，就不可能对这一种植物全部了解，鉴定植物时也会发生更大的困难。因此，记录工作在野外采集时是极为重要的，而且采集和记录的工作是紧密联系的。所以到野外考察前要准备足够的采集记录纸，必须随采随记。只有养成了随采随记的习惯，才能使我们熟练地掌握野外采集记录的方法。那么，野外采集记录工作如何着手呢？例如：有关植物的产地、生长环境、性状、叶、花果的颜色，有无香气和乳汁以及采集日期等必须记录。记录时应注意观察，在同一株植物上往往有两种叶形，如果采集时只能采到一种叶形，那么就要靠记录工作来帮助了。此外，木本植物以及高大的多年生草本植物（如芦苇等），采集时只能采到其中的一部分，因此必须将它们的高度以及地上及地下茎的节间数目、颜色等记录下来，这样采来的标本对植物分类工作者才有价值，现将常用的野外记录表介绍如下，供参考。

×××××××学院植物标本采集记录

采集号：001（采集号要与标本上的小标签号一致）。

地点（产地）：__省__县__区_乡__村，海拔高__ m。

采集日期：__年__月__日。

环境：栽培；寄生；水中；田中；村中；荒地；平原；草地；山谷；岭顶；海滨；河旁；溪旁；池旁；瀑布旁；路旁；石上；篱上；树上；密林中；疏林中；灌木丛中；斜坡；峻坡；缓坡；肥土；中等土；脊土；沙地；无荫；疏荫；密荫；潮湿；湿润；干燥。

性状：乔木；灌木；亚灌木；草本（包括一二年生或多年生）；直立；平卧；匍匐；攀援；缠绕。

体高____ m；直径____ cm；周围____ m。

分布：普通；罕见；少数；散生；丛生。

形态：树皮或茎（指草本植物）树干、小枝的颜色。

叶：草质；皮纸质；膜质；叶面____色；叶背____色；幼叶____色，小叶____片。

花：颜色，气味，形状。

果：颜色，气味，形状。

用途：食用、药用、纤维用、染料、油漆、建筑、观赏其他。

土名：可访问当地群众记下当时的俗名。

附记：标本____份。

学名：_____科名：_____。（未能确定的植物本项不必填写）

鉴定人：_____。

采集标本时参考以上采集记录的格式逐项填好或打勾后，必须立即将小标签的采集号挂在植物标本上，同时要注意检查采集记录上的采集号与小标签上的采集号是否一致、记录上的情况是否是所采的标本。这点很重要，如果其中发生错误，就失去了标本的价值，甚至影响到标本的鉴定工作。

3. 标本制作法

（1）腊叶标本制作法

采集的新鲜标本最好随采随压；也可以采集一段时间标本后再压，但采集的标本要及时放入采集袋、采集箱或塑料袋中以免萎蔫；如时间不允许当天压制，次日压制亦可，但必须将标本放在通风透气的地方，以免堆置发热。压制时要做下列工作。

① 整理标本　把标本上多余无用、密叠的枝叶疏剪去一部分，以免遮盖花果。

② 编号　把采集的同种植物编同一号码，所编的号码要和野外采集记录号码一致，压制后易改变的器官应详细记下来。

③ 压制　一般用不锈钢或木制的标本夹压制。压制时用一块标本夹作底板，上铺 4～5 层草纸，然后将整理好的标本平放于草纸上并将标本的枝叶展平，最好使标本上保持有腹面和背面两种叶子，上铺草纸 2～3 张，使标本与草纸互相隔开。普通的草本或枝叶的植物种类用草纸一张即可。有些植物花果过大如洋玉兰花、大丽菊花、薜荔的果实等，压制时容易使近花果的地方产生空隙，而使一部分叶子卷缩，在这种情形下最好用叠厚的草纸将空填平，使标本夹内标本的全部枝叶都受到同样的压力。此外，经过多次的放置标本和铺草纸，容易产生一端高一端低的现象，因此要注意将标本的首尾互相调换，使标本夹的标本和草纸整齐平坦、两端的高度相当。标本放置完毕，先用绳子将标本夹一侧的上下夹板缚紧，然后缚紧对角，最后缚紧另外两角。

④ 换纸　新压的标本每天至少换干纸 1～2 次，这些干纸最好是经过日晒或烘热后带有温热为好，其热度可使植物标本渐干的程度稍有增加，在换纸的同时必须做好下列工作。

a. 初次换纸时，如果认为标本的枝叶过密，还可以适当疏剪去一部分。

b. 将覆压的枝条、折叠的叶和花等小心展开，这是压制标本好坏的关键，必须注意。

c. 在换纸的过程中，如果发现叶、花、果脱落或有多余部分，须放入纸袋中与标本压在一起，并在纸袋外面写上与标本相同的号码，以免发生错误。

如果要使压制的标本迅速干燥，同时能保持原来的颜色，则须于初压制后第二至第三日以后换烘热的草纸 1～2 次，这样连续约 6～8 天，即可使标本全部干燥。还可以使用加热烘干设备使标本全部干燥。

此外，如兰科、天南星科、景天科等植物的营养器官多为肉质，用以上的压制方法处理，数日不能干燥，而且还能继续生长，因此这类植物标本压制时最好放在沸水内煮 0.5～1min，将其外面的细胞杀死，而促使其干燥。又如大戟科植物有些种类压制时虽然经常换纸但仍容易落叶，压制后只剩光光的枝条，失去标本的原来形态，在这种情形下也可先将标本浸在沸水中处理，杀死其叶肉细胞再进行压制，但要注意利用这种方法时不能将花浸于沸水中。

⑤ 消毒　干燥后的标本用高锰酸钾—甲醛熏蒸消毒。

⑥ 上台纸　消毒好的标本按自然状态置于约 40cm×30cm 的台纸上，左上角留出贴野外记录签、右下角留出贴定名签的位置，修剪标本使其小于台纸，用针线将标本的根、茎、叶柄缝订于台纸上并于背面每针线打结。贴野外记录签和定名签。

（2）液浸标本制作法

① 常用保存液的制备

a. 福尔马林水溶液　常用浸制植物标本的为5％福尔马林水溶液，即将福尔马林5mL加上95mL的自来水或清水，即得5％的福尔马林水溶液。

b. 酒精水溶液　常用浸制植物标本的为50％酒精水溶液，即95％的酒精50mL加入45mL的自来水或清水，即得50％酒精水溶液。

② 浸制方法　一般用5％的福尔马林水溶液浸制植物标本比较经济。将植物的花朵洗净后浸入保存液中即可，再用硬纸作小标签以铅笔写上植物的名称或编号，置于玻璃瓶中，最后将瓶口用玻璃盖盖上，用白蜡封闭以防水气蒸发，但要注意放入瓶中的标本不宜过多，瓶的大小可视花果的大小、数量而定。

酒精液浸制与上述方法相同，但酒精价格比福尔马林贵且用量较多，有些植物的花果比较嫩而柔软，可用50％～70％酒精液浸制，可以保存其原来的形态。

【作业与思考题】

每人采集草本或木本植物标本5种，并做好详细记录。制作腊叶标本交指导教师审阅。

实验十三　被子植物分科（双子叶植物）

一、目的与要求

1. 观察、识别木兰科、毛茛科、十字花科、锦葵科、蔷薇科、豆科、伞形科等离瓣花亚纲各科植物的主要特征；观察葫芦科、木犀科、菊科、茄科、唇形科、旋花科等合瓣花亚纲各科植物的特征，并识别各科的代表植物。

2. 培养学生独立思考和独立鉴别植物的能力。

二、材料与用品

1. 材料

木兰的小枝、花、果实；油菜植株，花序及花，果实和种子；陆地棉的叶枝、花枝、果枝，花和果实；绣线菊属的叶枝、花和果实；胡萝卜植株、花序和果实；丝瓜雌花枝和雄花枝，雌花、雄花、果实；紫丁香、白蜡树；蒲公英植株、花序和果实；辣椒、薄荷、红薯等植株、花序和果实。

2. 用品

扩大镜、镊子和解剖针。

三、方法与步骤

1. 辛夷（又称紫玉兰，木兰花）（*Magnolia liliflora* Dest）

紫玉兰，别名木兰。取木兰的小枝观察，节处有一环痕就是托叶环痕，用刀片将小枝上芽的外层剥下，辨别托叶痕的位置及托叶的形态。

（1）花

花着生在小枝顶端，是大型的两性花，萼片 3，披针形，黄绿色，花瓣 6，紫色，萼片和花瓣均为轮生。雄蕊和雌蕊多数，螺旋排列于圆锥状的花托上，雄蕊的花丝扁平，粗短，花药 2 室，直裂，药隔突出，雌蕊有一个较长的花柱，将子房纵切，可见 2 个胚珠，通常只有一个胚珠发育成种子。

（2）果实和种子

果实为聚合蓇葖果，每个蓇葖果成熟时沿背缝线开裂，种子 1~2 个，外种皮鲜红色肉质，含油分，内种皮坚硬，种脐有细丝（螺纹导管）与胎座相连，垂悬于蓇葖果之外。

2. 毛茛属（*Ranunculus* L.）

（1）花

观察毛茛属某一种花的各部分，萼片 5 片，花瓣 5 片。它们在花蕾中如何排列？花萼、花瓣均轮生；雄蕊多数，雌蕊多数、离生，成螺旋排列于花托上。

（2）果实

果为瘦果，扁形，多数瘦果集生成聚合果，称为聚合瘦果。

3. 油菜（*Brassica campestris* L.）

观察油菜植株，注意基生叶和茎生叶的形态变化。

（1）花序和花

观察花在花序上开花的次序，属于何种花序？取下一朵花，观察花的各部分，萼片与花瓣各 4 片，互生，2 轮排列，花瓣黄色，具长爪，排成十字形，称十字花冠；雄蕊 6 个，也成 2 轮排列，外轮 2 个较短，内轮 4 个较长，称 4 强雄蕊。内轮雄蕊之间有 4 个蜜腺，与萼片对生，雌蕊由 2 个心皮合生而成，由心皮连合的腹缝线上生出假隔膜，把子房分为假 2 室，胚珠多数，着生在假隔膜的边缘，形成 2 个侧膜胎座。

（2）果实和种子

长角果近圆柱形，果瓣具中脉及弯曲脉。当果实成熟时沿腹缝线由下向上开裂，顶部细长的一段不产生种子、不开裂称为喙，种子近球形，黑褐色，剥开种皮，观察胚的形态。

4. 陆地棉（又称棉花）（*Gossypium hirsutum* L.）

在棉田观察棉花的分枝，有叶枝和果枝两种。叶腋常有腋芽和副芽的区别，叶枝是由腋芽发育而成，果枝则由副芽发育而成，叶互生，阔卵形，长宽几相等，掌状 3 裂，少数为 5 裂，中裂片常达叶片之半，叶背有长柔毛；托叶 2，披针形，早落。

（1）花

花单生，花梗短于叶柄；花的最外一轮有 3 片小苞片，离生，基部心形，有腺体一个，边缘有很多小裂片；苞片以内是杯状花萼，有 5 齿裂；花冠白色或淡黄色，后变淡绿色，观察花瓣数目和排列方式。用刀片将花纵切，可以看到雄蕊管和雌蕊。

① 雄蕊多数，花丝下部合生成管状，包裹雄蕊，花丝结合成一体，称单体雄蕊，雄蕊管的基部与花瓣基部连生，花药 1，在花药中取花粉放在显微镜下观察，花粉粒球形，表面有刺。

② 雌蕊是上位子房，柱头棒状，伸出雄蕊管外，有 3～5 条纵沟，其数目与子房室数相同，横切子房，观察其胎座、室数和胚珠数目。

（2）果实和种子

果卵形，成熟时室背开裂，种子表皮有绵毛和灰色纤毛，种子常含少量胚乳，子叶 2，大而卷曲褶合。

5. 绣线菊属（*Spiraea* L.）

取绣线菊属某一种的叶枝，观察其叶形和叶序，有无托叶存在？取花枝鉴别其花序。

（1）花

取花一朵观察，萼片 5 片，三角形或卵状三角形，花瓣 5 片，倒宽卵形，离生；雄蕊多数，离生；花托微凹呈浅盘状，雌蕊 5 个，离生，着生于花中央，成轮状排列。从整个花的构造来看，萼片、花瓣、雄蕊均着生于花托边缘而位于子房的周围，形成周位花，子房上位。再细心观察，在雄蕊群内侧花托的边缘上可看到肉质的腺体连成一环，鲜红色。

（2）果实

蓇葖果 5 个，离生，轮状排列，成熟时沿腹缝线开裂。

6. 蔷薇属（*Rosa* L.）

取蔷薇属某一种的叶枝，观察叶形、叶序及托叶着生情况，与绣线菊比较，单叶与复叶有何重要区别？

（1）花

花两性，花萼有 5 个萼片，花冠有 5 个离生的花瓣（有的种类有重瓣花，为萼片的倍数或更多，如月季、野蔷薇等）；雄蕊多数，离生；花托深凹陷成瓶状、中空，蜜腺生于花托口边缘上；花柱伸出瓶状的花托口外，用刀片将花托纵切开，可看到多数离生的雌蕊着生在瓶状花托的内壁上，子房并不与花托合生，仍属上位子房。从整个花的构造来看，萼片、花瓣、雄蕊着生于瓶状花托的边缘而位于雌蕊的周围，形成上位子房周位花。

（2）果实

果实为瘦果，成熟时由一肉质的花托所包围形成聚合瘦果，特称为蔷薇果。

7. 桃（*Amygdalus persica* L.）

取冬态桃枝观察，区别其花芽与叶芽。取桃的枝叶，观察其叶序和叶形，托叶披针形，具腺体，早落。

（1）花

花两性，萼片 5 片，花瓣 5 片或重瓣，雄蕊多数成轮状排列；花托深凹成杯状，蜜腺生于花托的内壁上，淡黄色；雌蕊 1 个，着生于花中央子房上位，不与花托合生，从整个花的构造来看，萼片、花瓣、雄蕊均着生于花托边缘上，位于雌蕊的周围，形成周围花，子房上位。取雌蕊 1 个，用刀片将子房纵切，放在解剖镜下观察，子房是由 1 个心皮组成，1 室，内含两个胚珠，仅一个发育成种子。

（2）果实和种子

取桃的果实，用解剖刀纵切，并把果核打开，鉴别是什么果实？种子有无胚乳？胚的形态如何？

8. 梨属（*Pyrus* L.）

取梨属某一种，观察其叶形和花序类型。托叶存在，常早落。

（1）花

花两性；花萼 5 裂，花瓣 5 片；雄蕊多数，沿花托的边缘着生，排成 1 轮至数轮；雄蕊内侧花托边缘上有黄色的蜜腺；用刀片将一朵花纵切（注意不要把花柱切断），另一朵花则横切（经过子房部分），观察下列部分。

① 花柱是离生还是合生？

② 心皮 2～5，互相连合为 2～5 室的复雌蕊，每室含 2 至多数胚珠。

③ 花柱与子房是否同数？

④ 子房壁与杯状花托完全合生，形成下位子房。

从梨属整个花的构造分析，萼片、花瓣、雄蕊均着生于子房上方，子房却生于花的其他部分的下方，形成下位子房上位花。

（2）果实

果实称梨果。将果纵切和横切，可以看见心皮和花托的关系，果成熟时，花托肥厚肉质，包围子房形成假果，供食用的部分主要是花托。果皮分为 3 层，内果皮为草质或纸质，中果皮和外果皮为肉质，彼此不易分辨。

9. 蚕豆（*Vicia faba* L.）

取蚕豆植株观察，叶为羽状复叶，有小叶 1～3 对，顶端小叶变成针状；托叶大，半箭头形，总状花序腋生。根部有根瘤。

花两性，花萼针状，5 裂；花冠蝶形，花瓣大小不均等，作向下覆瓦状排列，近轴的（上面的）1 片最大，称为旗瓣，两侧的 2 片较小，称为翼瓣，有大紫斑，最内面的（下面的）2 片花瓣最小，连合成龙骨状，称龙骨瓣，将龙骨瓣剥开，可见雄蕊和雌蕊。雄蕊 10 个，9 个花丝连合，1 个离生，称为 2 体雄蕊；雌蕊 1 个，花柱弯曲，上端有毛。

10. 胡萝卜（*Daucus carota* L. var. *sativa* DC.）

取胡萝卜植株观察，全体被白色粗硬毛，叶互生，2～3 回羽状分裂，最后裂片成条形或披针形，叶基部扩大成鞘状。复伞形花序顶生或侧生。

（1）花序和花

观察复伞形花中小伞形花序数目，每一小伞形花序有多少花？并注意观察总苞和小总苞的数目和形态。

在花序中的花有两种类型：一种花着生于花序的边缘，具有长花瓣和短花瓣，大小、长短不均等；另一种花着生于花序的中央，具有大小均等的花瓣，取一个开放的花序细心观察，花开放的顺序是怎样的？

花的构造：花两性，萼片 5，形小或缺；花瓣 5 片，倒卵形，先端略向内卷（如为边缘花则有 2～3 片花瓣较长，略向外倾斜）；雄蕊 5 个，于花蕾中内曲，与花瓣互生，着生于花盘边缘，花的中央有 2 条分离的花柱，基部增厚的部分是花盘和花柱基部合生而成，有蜜腺。子房下位，由 2 心皮组成，2 室，每室有胚珠 1 个。

（2）果实

果实成熟后分裂为 2 个小坚果，悬垂于心皮柄上，特称为双悬果。果实的构造较为复杂，取未成熟的果实作横切片，放在显微镜下观察，可以看见：

① 每一个小坚果（或称分果）上有 5 条较小的突起，顶端有小刚毛，称为主棱，其基部各有一个维管束，因此，一个小坚果共有 5 个主棱、5 个维管束。

② 在主棱与主棱之间，有 4 条较长的刚毛，称为次棱，小坚果腹面的 2 个次棱不具刚毛；次棱基部各有一个透明油管，内含芳香油，因此，一个小坚果共有 6 个次棱、6 个油管。

③ 小坚果中央部分是白色的胚乳。

11. 丝瓜 ［*Luffa cylindrica* (L.) Roem. ］

取丝瓜的枝条观察，草质藤木，单叶互生，掌状浅裂；具腋生卷须，卷须稍被毛，2～4 分叉。

（1）花单性、雌雄同株，辐射对称；花萼及花冠 5 裂，雄花序总状，腋生，雄蕊 5 枚，合生，合生时常为 2 对合生、一枚分离，药室直或折曲；雌花柱头 3 裂，花柱 1，子房下位，3 心皮合生 1 室，侧膜胎座，胎座肥大，常在子房中央相遇，胚珠多数。

（2）瓠果，果实成熟时内有发达的网状纤维；嫩果可作蔬菜，种子常扁平。

12. 丁香（*Syringa oblata* Lindl. ）

取丁香小枝观察，单叶、对生，无托叶。

（1）花两性，辐射对称，圆锥花序，花冠紫色或白色，萼 4 裂，花冠 4 裂，雄蕊 2 枚。

（2）子房上位，2 室，每室胚珠 2。蒴果。

13. 蒲公英（*Taraxacum mongolicum* Hand.-Mazz. ）

取蒲公英的植株观察，多年生草本，叶基生，大头羽裂或倒向羽裂，先端钝或急尖，基部渐狭，边缘具细齿或波状齿。

（1）花葶数个，单生，不分枝，与叶近等长；头状花序具总苞，舌状花多数黄色，冠毛白色，刚毛状。

（2）聚药雄蕊，子房下位，1 室，具 1 胚珠。连萼瘦果。果实成熟时刚毛可随风飘动。

14. 辣椒

取辣椒植株观察，草本、单叶互生。

（1）花两性，辐射对称，簇生或成各式的聚伞花序类；萼常 5 裂或平截，宿存，可随果增大；花冠 5 裂，呈轮状，雄蕊 5 枚，着生在花冠裂片上，与花冠裂片互生。子房上位，柱头头状或 2 浅裂，2 心皮，2 室或不完全 4 室，中轴胎座，胚珠多数。

（2）浆果，种子盘形。

15. 薄荷（*Mentha haplocalyx* Briq.）

取薄荷植株观察，为多年生草本，有强烈清凉香气；茎呈四棱形，叶对生，叶片长卵形、具腺体。

花两性，两侧对称，轮伞花序腋生。花萼合生，通常 5 裂，宿存；花冠唇形，通常上唇 2 裂，下唇 3 裂；二强雄蕊，贴生在花冠管上，花药 2 室，纵裂；雌蕊子房上位，2 心皮，4 深裂成假 4 室，每室含 1 枚胚珠，花柱着生于 4 裂子房隙中央的基部，柱头 2 浅裂。四枚小坚果。

16. 红薯［*Lpontoea batatus*（L.）Lam］

取红薯植株观察，一年生草本，茎匍匐、具乳汁，茎节产生不定根，单叶、心形、互生、全缘，无托叶。

花两性，辐射对称，常单生或数朵集成聚伞花序。萼片 5，常宿存；花瓣 5 常愈合成漏斗状，有蓝、紫、粉红、白等色，花下有两个苞片；雄蕊 5 个，插生于花冠基部。雌蕊多为 2 个心皮合生，子房上位，2 室。果实为蒴果。

【作业与思考题】

1. 木兰科有哪些主要特征？有哪些重要的经济植物？（参阅教材）
2. 通过实验观察，试比较木兰科和毛茛科的异同点。（参阅教材）
3. 毛茛科有哪些重要的药用植物？（参阅教材）
4. 十字花科有哪些主要特征？有哪些重要的经济作物？（参阅教材）
5. 锦葵科的主要特征是什么？这一科有哪些重要的经济植物？（参阅教材）
6. 试说明蔷薇科四个亚科的主要特征。蔷薇科有哪些重要经济植物？（参阅教材）
7. 蝶形花科有哪些主要特征？这一科有哪些重要经济植物？（参阅教材）
8. 通过实验，总结伞形科和菊科的重要特征。
9. 伞形科有哪些重要的药用植物？（参阅教材）
10. 绘薄荷的雌蕊构造图，示二强雄蕊着生的情况。
11. 绘出紫丁香花的花图式，并写出其花程式。
12. 绘蒲公英舌状花的外形图，证明各部分结构名称。
13. 为什么说菊科是比较进化的一科？这对环境的适应有何意义？

实验十四 被子植物分科（单子叶植物）

一、目的与要求

通过实验，要求掌握泽泻科、莎草科、禾本科、百合科的主要特征及其区别。

二、材料与用品

1. 材料

慈姑、莎草、小麦、百合的植株、花果及种子。

2. 用品

放大镜、刀片、镊子、解剖针等。

三、方法与步骤

1. 慈姑（*Sagittaria pygmaee* Miq.）

取慈姑植株观察，矮小多年生沼生草本，具球茎。叶片箭形，基生。花茎直立，花单性。萼片3，花瓣3，花瓣白色；雄花2～5朵，有1～3cm的梗，雄蕊12枚；雌花常1朵，无梗，心皮多数，扁平，生于下轮。果为聚合瘦果。

2. 莎草（*Cyperus rotundus* L.）

取莎草植株观察，多年生草本，地下有纺锤形块茎。茎直立，实心，三棱形；叶线形，排列为三列，叶鞘闭合。穗状花序成指状排列，花小，数朵排列成很小的穗状花序，称为小穗，再由小穗排成各种花序。每花具1苞片（鳞片或颖片），花被完全退化或成刚毛状。花两性，雄蕊多为3；雌蕊由3或2心皮组成，子房上位。果实为小坚果。

3. 小麦（*Triticum aestivum* L.）

取小麦植株观察，为越年生草本植物，植株多分蘖，叶片条形，叶鞘抱茎。复穗状花序，小穗单生于穗轴各节；每小穗由2～5朵小花组成，顶端1小花不孕。每朵小花有1外稃、1内稃，2个浆片，3个雄蕊、1个雌蕊，雌蕊由2个心皮组成，2个羽毛状柱头。果实为颖果。

4. 百合（*Lilium brownni* F. E. Brown var. *viridulum* Baker）

取百合植株观察，多年生草本，具鳞茎，叶为单叶互生。花两性，辐射对称；花被花瓣状，排列为两轮，通常6片，雄蕊6枚，与花被片对生。雌蕊3心皮构成，子房3室，子房上位。蒴果。

【作业与思考题】

1. 绘小麦一朵两性花的解剖图，并注明各部分构造名称。
2. 举例说明泽泻科植物所表现的原始性。
3. 举例说明禾本科和莎草科的主要异同。

实验十五　创新性实验

　　为进一步调动学生参与科学研究的主动性和积极性，激发学生的科研兴趣，培养创新思维和创新意识，提高创新实践能力，植物学实验开展了创新性实验项目计划，这将有助于进一步促进研究性、创新性和应用性学习的教学改革和实践。植物学创新性实验项目是在基础性实验和验证性实验基础上，分析植物学科领域中具有一定探索价值的科学问题，并通过设计和实施一套实验方案，力争探索和解决这些科学问题的实验项目。

　　在植物学创新性实验项目的设计和实施过程中，选题是非常关键的环节，植物学虽然是一门古老的学科，但是生命科学飞速发展为植物学研究开启了诸多探寻植物更多奥秘的大门。创新性实验项目与常规实验教学不同，往往具有研究内容较多、运用的知识面广、实验运行时间较长以及使用的实验仪器设备较多等特点。因此，根据实验项目的研究内容，必须制定详细的实施方案和计划。植物学创新性实验项目的实验过程通过三个阶段完成，一是实验前的准备阶段（主要是文献查阅、实验材料和药品试剂的准备、仪器设备的调试以及实验方法的建立等工作）；二是实验操作；三是实验结果分析阶段。

　　植物学创新性实验项目的选题应遵循以下基本原则。一是，力争要以植物学研究领域中的新思路、新理论、新规律、新方法和新工艺作为研究的切入点。二是，实验项目的难度要适中，要选择生物科学本科生能够完成的题目。三是，所需实验条件能够得到满足。如果研究内容涉及很多贵重精密仪器，将会增加实验成本，因而有些实验可能无法正常开展。四是，实验周期不宜太长。基于上述基本原则，确定了三项植物学创新性实验项目。

创新性实验一　校园植物多样性研究

一、目的与要求

　　1. 通过自主学习加深对植物的认识，利用实践与理论相结合的方式，更好地区别各种各样的叶类型，展示单叶的多种形态，并了解不同科属植物不同叶的特征。

　　2. 通过对校园植物的调查和研究，进一步巩固课程中学习植物分类的原理与方法，进一步熟悉植物形态术语的概念与含义。

　　3. 学会利用工具书进行植物种类鉴定的方法，掌握植物分类检索表的编制方法。

二、确定方法

1. 采集植物，观察叶序、叶型、花序和果实等。
2. 根据植物的特性，利用《河南植物志》对植物进行鉴定或请教老师。
3. 把鉴定好的植物进行分类，写好实验报告。

三、调查结果及分析

1. 校园植物多样性概况。
2. 校园植物多样性介绍。
3. 常见植物比较分析。

创新性实验二　植物孢粉的制备和观察

一、目的与要求

孢粉学是研究植物的孢子、花粉（简称孢粉）的形态、分类及其在各个领域中应用的一门科学。花粉形态一般具有较强的遗传保守性，其粒径、轮廓、纹饰、萌发孔数目、位置等特征常用于植物分类鉴定。由于花粉外壁纹饰不易受环境因子的影响，为植物基因型的外部表现，所以也是研究植物分类演化的有效手段之一。

通过此实验，使学生认识到花粉形态特征在种内的变异幅度，不仅是孢粉学研究的基本需要，也可排除种内变异干扰，为孢粉学特性准确用于植物分类提供依据。

二、材料与方法

1. 材料来源
对不同产地且形态变异较明显的属内不同种分别作 2～3 个样品的测定。

2. 方法
（1）供光学显微镜观察的花粉样品制备

① 从标本或新鲜植株上取下花药，用冰醋酸浸软后，置洁净的凹玻片（单凹玻片）上，于解剖镜下将花药打开，滴上 95％酒精将花粉洗出。

② 滴上预先配制好的分解液（醋酸酐 9 份和浓硫酸 1 份），于室温下或 50℃恒温箱里放置 5min（具体温度和时间因花粉种类而异），反复镜检。

③ 对一些较难分解的花粉，可重复过程②。

④ 花粉分解好后，滴上梯度酒精（50％～100％酒精）清洗，每次清洗后，

将凹玻片静置 5min，用吸管吸去上清液，最后用中性树胶封片。

⑤ 先于低倍镜（50 倍）下观察，发现疑似花粉者再转高倍镜（200 倍）下仔细辨认后确证。

（2）供透射电镜观察花粉的处理方法

花药摘取后不必撕开花药暴露花粉，直接将花药浸入 95％ 酒精-浓盐酸等量混合液中离析约 2min，随后用漂洗液浸洗数次。前固定：3％戊二醛和 4％多聚甲醛（含 15％～20％蔗糖）混合液中固定。固定完毕，用相应的漂洗液浸洗 12h，换液数次。用 1％锇酸进行后固定 2～4h。漂洗数次后，以酒精或丙酮系列脱水。脱水时间视标本而定，一般为 15～20min。Epon812 包埋剂与丙酮 1:1 浸透 6～8h；2:1，浸透 12～24h，浸透时用注射器抽气浸透后，琼脂预包埋的花粉直接使用胶囊包埋，随后分级聚合。未经预包埋的花粉使用倒扣包埋法，即将花粉移至干燥清洁的载玻片上，胶囊加入包埋剂（不要加满）倒扣住花粉，然后逐级升温聚合。聚合完成后将其置于烫板上。90℃ 约 2min 待其稍软化时取下包埋块并按花粉分布切成数块，用 502 胶水分别粘接于废包埋块修成的基座上即可。如果把包埋块修成长条形，可直接进行超薄切片。倒扣包埋法特别适用于大直径花粉及复合花粉，数粒花粉就可作为一单位，能充分利用花粉和包埋剂。超薄切片经饱和醋酸铀染液染色 30min，柠檬酸铅染液染色约 5min，电镜观察。对幼小的花药可以不离析，但在固定液中须加入 1％ Triton X-100，包埋时将花药置于胶囊内，加入包埋剂逐级升温聚合。

（3）供扫描电镜观察花粉的处理方法

将花粉样品用 2.5％ 戊二醛固定，磷酸缓冲液（pH7.2）漂洗 3 次，酒精逐级脱水，乙酸戊酯置换，CO_2 临界点干燥，双面胶带粘样及金属镀膜，最后用扫描电镜观察和拍照。

三、结果与分析

认真观察结果，比较分析不同种花粉之间的形态异同，总结所得结果在分类上的应用。

创新性实验三　植物染色体组型分析及在分类上的应用

一、目的与要求

染色体分类方法，又称为细胞分类学。植物界杂交和异源多倍体的形成是物种起源的重要途径。多倍体复合体的形成与发展是植物界进化的重要方式，而染色体结构变异既可能导致物种的缓慢形成，也可以引起物种的快速起源。因此，通过对染色体计数及核型的分析，有助于推测同属植物的亲缘关系。通过此实验，希望学生掌握染色体制片方法，并自选材料进行染色体制片；学会染色体核型分析，为进行细胞遗传学和遗传育种学的研究奠定基础。

二、实验原理

各种生物的染色体数目是恒定的。大多数高等动植物是二倍体。也就是说，每一个体细胞含有两组同样的染色体，用 $2n$ 表示。其中与性别直接有关的染色体，即性染色体，在体细胞中可以不成对。每一个配子带有一组染色体，叫做单倍体细胞，用 n 表示。两性配子结合后，具有两组染色体，成为二倍体的体细胞。如蚕豆的体细胞 $2n=12$，它的配子 $n=6$；玉米的体细胞 $2n=20$，配子 $n=10$；水稻 $2n=24$，$n=12$。有些高等植物还是多倍体，即在体细胞中含有三个或三个以上的染色体组。

正常细胞中的染色体在复制以后，纵向并列的两个染色单体，往往通过着丝粒联在一起。着丝粒在染色体上的位置是固定的。由于着丝粒位置的不同，可以把染色体分成相等或不等的两臂，各染色体的长臂与短臂之比称为臂率。造成中间着丝粒染色体、亚中间着丝粒染色体、亚端部着丝粒染色体和端部着丝粒染色体等形态不同的染色体类型。此外，有的染色体还含有随体或次级缢痕。所有这些染色体的特异性构成一个物种的染色体组型。染色体组型分析就是对各物种细胞内的形态特征、染色体数目等进行综合分析的实验方法，是细胞遗传学、现代分类学和进化理论的重要研究手段。

植物染色体组型分析方法分为两大类，一类是分析体细胞有丝分裂时期的染色体数目和形态；另一类是分析减数分裂时期的染色体数目和形态；这两种方法均能得到染色体组型。

三、实验材料

1. 植物根尖、茎尖或幼嫩花蕾。
2. 或由实验室提供染色体制片或放大照片。

四、实验器具和药品

显微镜，测微尺，毫米尺，镊子，剪刀。如无现成的染色体照片，则需经过制片，进行显微摄影，所以需备摄影显微镜以及有关摄影冲洗器材和相关药品或用计算机核型分析软件进行分析。

五、实验步骤

1. 压片法

在生物技术上，除可用切片法观察细胞外，还可用压片法，尤其是观察细胞中的染色体数目，用压片法最为合适，不仅省事，结果也比切片法好。压片法是将材料置载玻片上，用解剖刀或解剖针拨开，加染液一滴，盖上盖玻片，施以压力，使材料破碎、细胞分散，然后进行观察。压片法种类很多，下面介绍两种。

（1）醋酸-洋红法

此法多用于制备幼小花药，观察花粉母细胞减数分裂的压片。而对根尖压片有时染色不好（但对洋葱根尖染色较好）。其步骤如下。

① 将花药或根尖（先切成 0.5cm 长），投入卡诺固定液中固定 15min 至 1h，然后移至 70％酒精中保存。

② 取固定保存的材料放入盐酸酒精解离液（95％酒精和浓盐酸按 1 : 1 混合即成）中 5～8min。或置 1mol/L 盐酸（取密度 1.19g/mL 的盐酸 82.5mL，加水至 1000mL 即成）中于 60℃的水浴温度下，处理 6～8min，至透明为止。

③ 用清水冲洗干净解离液。

④ 取洗净的材料，放在载玻片上，用醋酸-洋红染液（或醋酸-苏木精染液）染色 5～10min。

⑤ 然后将材料移至另一清洁的载玻片上。重新用染液装片，覆以盖玻片，以铅笔的橡皮头端轻轻压盖玻片，使材料呈现分散的薄层，置镜下观察。

（2）铁矾-苏木精法

此法一般用于细胞有丝分裂中的染色体计数，由于染色体被染成紫蓝黑色，用于显微照相，效果较好（由于各种植物有自己的特殊性，因此取材的时间、取材的部位、预处理的时间、固定的时间、水解的时间、染色的时间等，都有可能不同。在此只作了大致的介绍，具体材料还需做预备实验进行摸索。另外还要注意，各次水洗一定要洗干净沾在材料上的药液，以免影响下一个步骤的结果）。染色步骤如下（以蚕豆根尖作材料为例）。

① 取材 将蚕豆种子萌发。待种子根长至 1cm 左右，在上午 8～11 时，切下长约 0.5cm 的根尖，进行预处理。

② 预处理 目的是使分裂细胞的染色体缩短和比较分散，便于压片观察。预处理是在固定以前进行，方法是将材料切下放入以下溶液：

0.05％～0.2％秋水仙碱水溶液中处理 2～5h；

或：对二氯苯饱和水溶液中处理 3～5h；

或：8-羟基喹啉（0.004％～0.005％），处理 2～12h；

或：富民隆乳剂（0.01％），处理 24～48h；

或：在 0～3℃下冷冻处理 24h。

③ 固定 通常用 95％酒精-冰醋酸（3 : 1）固定液固定 1～24h。固定后换入 70％酒精中保存。一般可保存 1～2 周，如放入冰箱中（3～8℃）则可保存数月。

④ 离析　将保存在 70％酒精中的根尖，用刀纵切成两半，换入蒸馏水，然后移入 1mol/L 盐酸中，在 60℃的水浴中离析 10～15min。

⑤ 水洗　离析后必须用水洗净残留盐酸，否则会影响染色。

⑥ 媒染　将根尖移入 4％铁矾水溶液中，媒染 20～30min，然后用水洗净。

⑦ 染色　放入 0.5％苏木精水溶液染色 3～5h，如果需要染色较久（例如过夜），则可将苏木精溶液（浓度）稀释。

⑧ 压片　用镊子夹取根尖一段，放在载玻片上，滴上一小滴醋酸，迅速捣碎根尖，盖上盖玻片，用铅笔的橡皮头轻压，使材料分散成一薄层。

⑨ 镜检　将材料压好后，放置显微镜下观察。

若要作永久保存，可将玻片放在冰箱中冷冻，结了冰霜后便可揭下盖玻片，然后将沾有材料的玻片分别与另外干净的盖玻片和载玻片进行封片处理，制作永久玻片。

也可按以下步骤制成永久玻片：

① 将压片直接倒放在盛有 1/2 45％醋酸、1/2 95％酒精的培养皿中，并使玻片稍成倾斜（一边可垫上一玻棒）。待过 5～10min，即可见盖玻片从载玻片上脱落下来，此时即按原来位置翻开。

② 将已分开的载玻片与盖玻片，用吸水纸吸去边上多余的醋酸液，换入冰醋酸-无水酒精（1：1）中，3min。

③ 将载玻片与盖玻片移入无水酒精中（2 次），每次 3min。

④ 移入无水酒精-二甲苯（1：1），3min。

⑤ 移入二甲苯（2 次），各 3min。

⑥ 用加拿大树胶按原来的位置封藏玻片。

⑦ 移入温箱烘干（20～30℃），3h，即得永久玻片。

2. 酶法（略）

附改良石炭酸品红染色液配制法：取 3g 碱性品红，溶于 100mL 70％酒精中（可无限期保存）；取 10mL 此溶液加入 90mL 5％石炭酸水溶液（两周内有效）；取此溶液 55mL，加入冰醋酸和 37％甲醛各 6mL；取此混合液 2～10mL 加入 90～98mL 45％醋酸和 1.8g 山梨醇。这样便配制成了染色液，此液放置越久越好使用。

3. 染色体计数与核型分析

首先，计数体细胞染色体数目，统计的细胞数目在 30 个以上。然后，以体细胞分裂中期的具有高质量的染色体图像作为形态描述，应以 5 个以上的细胞为准，测量的内容有：

绝对长度＝放大的染色体长度/放大倍数（单位以 μm 表示）

相对长度＝染色体长度/染色体组总长度×100％

相对长度系数：染色体长度/全组染色体平均长度

染色体长度比：最长染色体长度/最短染色体长度

核型不对称系数＝长臂总长/全组染色体总长

臂比＝长臂长度/短臂长度

差值＝长臂长度－短臂长度

以及着丝点指数等。另外，还要确定染色体长度类型、着丝点位置，绘制核型分析结果表、核型图、核型模式图，摄制模式照片，写出核型公式，划分核型类型等。最后，根据各项数据、结果进行讨论分析。

附：

（1）染色体长度类型确定

相对长度系数值、长度类型、符号记为

$\geqslant 1.26$ 为长染色体（L）；

$1.25 \sim 1.01$ 为中长染色体（M2）；

$1.00 \sim 0.76$ 为中短染色体（M1）；

$\leqslant 0.75$ 为短染色体（S）。

（2）着丝点位置确定

臂比值、着丝点位置、符号记为

1.00 为正中部着丝点（M）；

$1.01 \sim 1.70$ 为中部着丝点区（m）；

$1.71 \sim 3.00$ 为近中部着丝点区（sm）；

$3.01 \sim 7.09$ 为近端部着丝点区（st）；

7.10 以上为端部着丝点区（t）；

∞ 为端部着丝点（T）。

（3）核型类型确定

（4）核型公式表示方法

以芍药为例，$2n：2x = 10 = 6m + 2sm + 2st$（SAT），式中，括号里的 SAT 表示有随体。

（5）核型模式图绘制方法

根据核型分析结果表中所列各染色体的相对长度平均值绘制坐标图。横轴上标明各染色体序号，每一染色体与其序号相对应，纵轴表示相对长度值（％），零点绘在纵轴的中部，并与各染色体的着丝点相对应。此即为该细胞的核型模式图。

六、结果与分析

1. 完成一种植物的染色体相对长度、臂比和类型的参数表格（如表 15-1 格式）。

表 15-1　染色体相对长度/臂比/类型

序号	绝对长度	相对长度/%	臂比	类型
1				
2				
3				
4				
5				
⋮				

2. 制作核型图。

3. 制作核型模式图。

4. 写出核型公式。

附 录

附录一 常用试剂配制

1. 碘-碘化钾 (I_2-KI) 溶液

2g 碘化钾溶解在 5mL 水中, 随后加入 1g 碘, 等后者溶解, 加入 295mL 蒸馏水, 将此液保存在棕色玻璃瓶里。

2. 稀甘油液

甘油 1 份, 加水 2 份混合均匀, 并加少许苯甲酸或酚作防腐剂, 可作组织剂、保存剂。与水合氯醛同用可作临时封藏剂。

3. 间苯三酚

① 将 1g 间苯三酚溶于 10mL 90%酒精中。

② 0.1g 间苯三酚溶于 100mL 水或酒精中, 以鉴别木质化细胞壁, 应用时先加 1~2 滴, 3~5min 后 (或微热之) 再加浓盐酸 1 滴, 木质化细胞显红色, 纤维性细胞则无此反应。

4. 水合氯醛液

将水合氯醛 50g 溶于 25mL 水中, 过滤即得。能使细胞膨胀而透明, 能溶解淀粉粒、树脂、蛋白质及挥发油等。

5. 氯化锌-碘试液

将 20g 氯化锌溶解于 8.5mL 的水中, 至溶液冷却时 (用滴定管) 滴入碘-碘化钾溶液 (成分 3g KI + 1.5g I_2 + 60mL H_2O) 不断振荡, 直到出现碘的沉淀即达到饱和时为止, 通常欲达到饱和的程度, 加入 1.5mL 碘和碘化钾溶液就足够了, 将此溶液保存于棕色瓶里。

6. 三氯化铁试液

取三氯化铁 1g, 溶解于 100mL 蒸馏水中, 过滤即得。用以鉴别鞣质, 如有鞣质存在则变成蓝色或绿黑色。

7. 米朗试剂

有以下几种配方。

① 取 4.5g 汞溶于 3mL 发烟的硝酸中, 作用完毕后, 加入等量的水稀释即得。

② 取汞 1g 溶于 9mL 浓硝酸中 (密度 1.52g/mL), 溶解后加入 35mL 水即得。

③ 取汞 1g 溶于 17mL 硝酸中 (密度 1.42g/mL), 溶解后加入 35mL 水即得。

米朗试剂宜新鲜配制, 使蛋白质呈现砖红色或玫瑰红色, 注意汞为剧毒药, 必须在通风橱中进行操作。

8. 苏丹Ⅲ

将苏丹Ⅲ0.01g溶于5mL 95％酒精中，能使木栓化、角质化的细胞壁及脂肪、挥发油、树脂等染成红色或淡红色。

另一配方，将0.1g苏丹Ⅲ染料，溶解于10mL 99％酒精中，再加甘油10mL。

9. 费林溶液

甲液：将干燥的硫酸铜结晶34.66g加水溶解成500mL置小玻璃瓶内，密塞保存。

乙液：将酒石酸钾钠结晶173g和氢氧化钠51.6g，加水溶解成500mL，装入瓶内，密塞保存。

同时取甲、乙两液等量混合，观察还原糖，如有还原糖存在，加入此试剂，并加热至沸，能产生棕红色氧化亚铜沉淀。

10. 番红液

番红为碱性染料，易溶于水及酒精中。

1％番红溶液：取番红0.1g溶于100mL水中。

1％番红酒精溶液：取番红0.1g溶于100mL 50％的酒精中。

配制时加热50～70℃，用玻璃棒时常搅拌，溶解后放冷过滤。番红可使木质化细胞壁呈红色，淀粉粒呈淡红色。

11. 龙胆紫

龙胆紫为碱性染料，能溶于水、酒精及丁香油中。将龙胆紫1g溶于75％～90％酒精100mL中，染色1～5min，可使纤维素细胞及角质化细胞壁染成黄色，通常与番红做二重色。

12. 亮绿

亮绿为酸性染料，易溶于水，难溶于酒精中，常用0.2～0.4g亮绿溶于95％酒精100mL中，纤维素细胞壁呈绿色，多与番红做二重色染色，染色时间20s至5min，用低浓度酒精配制易着色，染色时间也较迅速。

13. 苏木精

首先配制苏木精在纯酒精中的饱和溶液及铵矾在水中的饱和溶液，将150mL的铵矾饱和溶液加入4mL苏木精结晶的饱和溶液，并且暴露在光亮处一星期，这时产生氧化作用，注意用纱布包扎瓶口以免沾上灰尘，过滤再加22mL甘油和25mL木醇，将溶液放在光亮处，一星期后即可应用，此液对于纤维素细胞壁、细胞核、细胞质等可染成蓝紫色。

14. FAA固定液配制

市售福尔马林（甲醛）5mL，冰醋酸5mL，70％酒精90mL混合即为固定液。

15. 不同浓度乙醇的配制

不同浓度的乙醇配制，首先要考虑节约原则，其次要考虑配制方便。无水乙醇和95％的乙醇可以直接购置使用，95％浓度以下的乙醇，一般利用95％浓度的乙醇作为原液配制。简单的方法就是需要配制多高浓度，就取95％乙醇多少体积（mL），然后加蒸馏水至95mL即可（附表1）。

附表1　不同浓度乙醇的配制

需配制乙醇浓度/%	所取乙醇浓度/%	所取乙醇体积/mL	需加蒸馏水体积/mL	配制乙醇的体积/mL
30	95	30	65	95
50	95	50	45	95
75	95	75	20	95
85	95	85	10	95
90	95	90	5	95

16. 孚尔根（Feulgen）染色法试剂配制

1mol/L盐酸：用1000mL蒸馏水＋82.5mL纯盐酸（须十分精确）配制。

染色液：用0.5g碱性品红溶于煮沸的重蒸水（必须纯粹中性）中搅和，冷却至50℃，过滤于一有色的小口玻璃瓶中，并加入10mL 1mol/L HCl及0.5g偏亚硫酸氢钠（$NaHSO_3$）搅和，将瓶塞盖紧，置于黑暗处，经10h后，即可应用，此时染色液为淡茶色或无色（注意：配制脱色碱性品红时需十分干净，所用玻璃器皿均需用重蒸水再洗一次，染料必须比较标准，试剂应放置在黑暗中，此液反应在9～11℃时最活跃，如室温高达30～35℃往往受影响）。

17. 醋酸洋红染色液：用于检查细胞染色体

先将50mL的45％冰醋酸溶液放在较大的锥形瓶（150mL）中煮沸，然后徐徐投入0.5g洋红粉末，请不要一下倾入，防止溅沸，待全部投入后，过1～2min后，加入一生锈铁钉，再过几分钟后取出锈铁钉（使染色剂略含铁质，以增强染色性能）。继续用微火加热1h，过滤后，放在棕色玻璃瓶中，盖紧储藏，并避免阳光直射，以及分装于小瓶中取用。

18. 改良苯酚品红液

改良苯酚品红染液配法顺序如下。

原液A：取3g碱性品红溶于100mL 70％酒精中，此液可以长期保存。

原液B：取A液10mL加入90mL 5％苯酚（即石炭酸）水溶液中（2周内使用）。

原液C：取B液55mL加入6mL的冰醋酸和6mL 38％的甲醛（可长期保存）。

染色液：取C液10～20mL，加入90～80mL 45％醋酸和1.5g山梨醇。放置2周后使用，染色效果显著，可普遍用于植物组织的压片法和涂片法，使用2～3年不变质。山梨醇为助渗剂，兼有稳定染色液的作用。如果没有山梨醇，也能染色，但效果稍差。改良苯酚品红染色液对果蝇唾液腺染色体的染色效果与醋酸洋红染色液的染色效果是相同的。而且用改良苯酚品红染色液还能提高工效，具有简易节约的优点。

附录二　大学校园常见木本植物名录

一、裸子植物

银杏科

银杏 *Ginkgo biloba*

松科

雪松 *Cedrus deodara*

油松 *Pinus tabulaeformis*

黑松 *Pinus thunbergii*

白皮松 *Pinus bungeana*

杉科

水杉 *Metasequoia glyptostroboides*

柏科

侧柏 *Platycladus orientalis*

千头柏 *Platycladus orientalis*

圆柏 *Sabina chinensis*

龙柏 *Sabina chinensis*（L.）Ant.
cv. *Kaizuca*

球桧 *Sabina chinensis* cv. *globosa*

塔柏 *Sabina chinensis* cv. *pyramidals*

刺柏 *Juniperus formosana* Hayata

罗汉松科

罗汉松 *Podocarpus macrophyllus*

粗榧科

粗榧 *Cephalotaxus sinensis*

二、被子植物

蔷薇科

樱花 *Cerasus pseudocerasus*

日本樱花 *Cerasus yedoensis*

桃 *Amygdalus persi*

碧桃 *Prunus persica* Batsch. var. *duplex*
Rehd.

樱桃 *Cerasus tomentosa*

山桃 *Amygdalus davidana*

红叶李 *Pyrus cerasifera*

郁李 *Cerasus japonica*

榆叶梅 *Amygdalus trieoba*

木瓜 *Chaenomeles sinsnsis*

贴梗海棠 *Chaenameles lagenaria*

垂丝海棠 *Malus halliana*

西府海棠 *Malus micromalus*

石楠 *Photinia serrulata*

枇杷 *Eriobotrya japonica*

月季 *Rosa chinensis*

木香 *Rosa banksiae*

黄刺玫 *Rosa davurica*

棣棠 *Kerria japonica*

绣线菊 *Spiraea pubescens*

木犀科

桂花 *Osmanthus fragrans*

女贞 *Ligustrum lucidum*

小叶女贞 *Ligustrum quihoui*

蜡子树 *Ligustrum acutissimum*

白蜡树 *Fraxinus chinensis*

迎春 *Jasminum nudiflorum*

黄素馨 *Jasminum giraldii*

探春 *Jasminum floridum*

金钟花 *Forsythia viridissima*

连翘 *Forsythia suspensa*

紫丁香 *Syringa oblata*

白丁香 *Syringa oblata* var. *affinis*

雪柳 *Fontanesia sortunes*

豆科

合欢 *Albizzia julibrissin*

洋槐 *Robinia pseudocacia*

国槐 *Sophora japonica*

龙爪槐 *Sophora japonica* var. *pendula*

紫荆 *Cercis chinensis*

紫藤 *Wisteria sinensis*

锦鸡儿 *Caragana leveillei*

忍冬科

猬实 *Kolkwitzia amabilis*

金银木 *Lonicera maackii*

金银花 *Lonicera japonica*

锦带花 *Weigela florida*

珊瑚树 *Viburnum awabuki*

杨柳科

垂柳 *Salix babylonica*

毛白杨 *Populus tomentosa*

悬铃木科

一球悬铃木（美国梧桐）*Platanus occidentalis*

二球悬铃木（英国梧桐）*Platanus acerifolis*

三球悬铃木（法国梧桐）*Platanus orientalis*

卫矛科

冬青卫矛 *Euonymus japonica*

丝棉木 *Euonymus bungeanus*

胶东卫矛 *Euonymus fortunei*

槭树科

三角枫 *Acer buergerianumm*

鸡爪槭 *Acer palmatum*

木兰科

紫玉兰 *Magonolia lilifolia*

白玉兰 *Magnolia denudata*

荷花玉兰 *Magnolia grandifora*

望春花 *Magnolia biondii*

大戟科

重阳木 *Bischofia racemosa*

乌桕 *Sapium sebiferum*

黄杨科

小叶黄杨 *Buxus sinica*

雀舌黄杨 *Buxus bodinieri*

海桐科

海桐 *Pittdsporum tobira*

樟科

樟 *Cinnamomum camphora*

猴樟 *Cinnamomum bodinieri*

腊梅科

腊梅 *Chimonanthus praecox*

夹竹桃科

夹竹桃 *Nerium indicum*

梧桐科

梧桐 *Firmiana simplex*

锦葵科

木槿 *Hibiscus syriacus*

千曲菜科

紫薇 *Lagestroemia indica*

石榴科

石榴 *Punica granatum*

兰果树科

喜树 *Camptothea acuminata*

五加科

刺楸 *Kalopanax setemlonus*

玄参科

泡桐 *Paulownia fortunei*

紫葳科

凌霄 *Campsis grandiflora*

壳斗科

栓皮栎 *Quercus variabilis*

胡桃科

核桃 *Juglans regia*

榆科

白榆 *Ulmus pumila*

小叶朴 *Celtis bungeana*

七叶树科

七叶树 *Aesculus chinensis*

无患子科

全缘栾树 *Koelreuteria integrifoliola*

文冠果 *Xanthoceras sorbifolia*

棕榈科

毛茛科

棕榈 *Prachycarpus fortunei*

牡丹 *Paeonia suffruticosa*

柿树科

椴树科

柿 *Diospyros kaki*

扁担杆 *Grewia biloba*

马鞭草科

小檗科

黄荆 *Vitex negundo*

南天竹 *Nandium domestica*

虎耳草科

日本小檗 *Berberis japonica*

大花溲疏 *Deutzia gradiflora*

附录三　主要种子植物分科检索表

一、裸子植物分科检索表

1. 茎不分枝；羽状复叶簇生于茎顶端 ·························· 1. 苏铁科 Cycadaceae
1. 茎通常分枝；单叶，鳞片状、锥形、针形、线形或扇形。
　2. 叶扇形；落叶乔木······························ 2. 银杏科 Ginkgoaceae
　2. 叶鳞片状、锥形、针形、线形或条状披针形，通常常绿，稀冬季脱落。
　　3. 雌雄同株或异株；雌球花发育成球果；种子不具肉质套被或假种皮，常具翅。
　　　4. 球果的种（珠）鳞与苞鳞离生，每种鳞具 2 种子·········· 4. 松科 Pinaceae
　　　4. 球果的种（珠）鳞与苞鳞或多或少合生，每种鳞有 1~9 枚种子。
　　　　5. 叶与种鳞均螺旋状排列，稀对生（水杉属）。
　　　　　6. 雌雄异株，稀同株；种鳞腹面仅具 1 种子，种子与种鳞合生；枝轮状着生，
　　　　　　叶常绿 ·················· 3. 南洋杉科 Araucariaceae（南洋杉属）
　　　　　6. 雌雄同株，稀异株；种鳞具 2~9 粒种子，种子与种鳞离生；枝非轮生
　　　　　　状排列 ································· 5. 杉科 Taxodiaceae
　　　　5. 叶与种鳞均交互对生或轮生 ··············· 6. 柏科 Cupressaceae
　　3. 雌雄异株；雌球花不发育成球果，而形成核果状或坚果状种子，种子全部或部
　　　分包被于肉质套被或假种皮中。
　　　　7. 雄蕊有 2 花粉囊；种子完全包被于肉质套被内，着生于肉质或非肉质
　　　　　的膨大种托上 ···················· 7. 罗汉松科 Podocaraceae
　　　　7. 雄蕊具 3~4(~9) 个花粉囊；种子基部无膨大的种托。
　　　　　8. 雌球花具多数交互对生的苞片，每苞片腋部具 2 胚珠；假种皮全包
　　　　　　种子 ·················· 8. 粗榧科 Cephalotaxaceae
　　　　　8. 雌球花仅有 1 胚珠；假种皮杯状、瓶状或全包种子 ··················
　　　　　　·································· 9. 红豆杉科 Taxaceae

二、被子植物以营养器官特征为主的分科检索表

1. 子叶 2 枚；叶片常具网状脉；花通常 5 或 4 基数；多具主根系（双子叶植物纲）。

2. 木本植物。

　　3. 藤本或茎为藤蔓状 ……………………………………………… 表一

　　3. 直立乔木或灌木。

　　　　4. 叶为复叶 ………………………………………………… 表二

　　　　4. 叶为单叶 ………………………………………………… 表三

2. 草本植物。

　　　　5. 茎缠绕、攀援、匍匐或平卧；或为水生植物…………………… 表四

　　　　5. 茎直立或斜升 …………………………………………… 表五

1. 子叶1枚；叶片常具平行脉；花通常为3基数；多为须根系（单子叶植物纲）…… 表六

表一　双子叶植物：木质藤本

1. 植物具枝卷须 ………………………………………… 65. 葡萄科 Vitaceae

1. 植物无卷须。

　　2. 叶互生。

　　　　3. 植物具乳汁…………………………………………… 8. 桑科 Moraceae

　　　　3. 植物无乳汁。

　　　　　　4. 复叶。

　　　　　　　　5. 羽状复叶。

　　　　　　　　　　6. 茎缠绕性，无皮刺；叶具小托叶，花冠两侧对称，蝶形；荚果 ………

　　　　　　　　　　…………………………………… 42. 豆科 Leguminosae（紫藤属）

　　　　　　　　　　6. 茎蔓状攀援性，常具皮刺；无小托叶；花辐射对称；聚合瘦果或聚合小核果

　　　　　　　　　　……………………………………………… 41. 蔷薇科 Rosaceae

　　　　　　　　5. 掌状复叶；果实浆果状 ………………… 26. 木通科 Lardizabalaceae

　　　　　　4. 单叶。

　　　　　　　　7. 茎具气生根借以攀援 ………… 88. 五加科 Araliaceae（常春藤属）

　　　　　　　　7. 茎无气生根。

　　　　　　　　　　8. 叶缘具齿，不分裂。

　　　　　　　　　　　　9. 蒴果，种子具彩色假种皮；托叶早落……………………………

　　　　　　　　　　　　…………………… 57. 卫矛科 Cerastraceae（南蛇藤属）

　　　　　　　　　　　　9. 浆果或浆果状果，种子无假种皮；无托叶。

　　　　　　　　　　　　　　10. 心皮合生；浆果或浆果状单生……69. 猕猴桃科 Actinidiaceae

　　　　　　　　　　　　　　10. 心皮离生；浆果在增大伸长的花托上聚为穗状或球形的聚合果

　　　　　　　　　　　　　　……………………………………… 29. 木兰科 Magnoliaceae

　　　　　　　　　　8. 叶全缘或近全缘，或掌状浅裂。

　　　　　　　　　　　　11. 枝、叶被银灰色鳞片状毛 … 79. 胡颓子科 Elaeagnaceae

　　　　　　　　　　　　11. 枝、叶无鳞片状毛。

　　　　　　　　　　　　　　12. 叶具掌状脉；核果的果核常弯曲呈马蹄形或半月形

　　　　　　　　　　　　　　………………………………… 28. 防己科 Menispermaceae

　　　　　　　　　　　　　　12. 叶具羽状脉。

13. 侧脉向上弧曲；花单生或数朵组成聚伞花序；核果近球形；无托叶 ………………
…………………………………………………………… 62. 清风藤科 Sabiaceae

13. 侧脉近平行直伸；圆锥花序具多花；核果长椭圆形或圆柱形；托叶钻形 ……………
………………………………………… 64. 鼠李科 Rhamnacese（勾儿茶属）

2. 叶对生。

14. 植物具白色乳汁。

15. 花冠辐状、杯状或钟状，具副花冠、合蕊冠及载粉器 ………………………
…………………………………………… 102. 萝藦科 Asclepiadaceae

15. 花冠高脚碟状，无副花冠、合蕊冠及载粉器；茎常具气生根 …………
……………………………… 101. 夹竹桃科 Apocynaceae（络石属）

14. 植物无乳汁。

16. 花无真正的花冠，花萼呈花冠状，雄蕊多数；复叶，叶柄常呈卷须状…
……………………………… 25. 毛茛科 Ranunculaceae（铁线莲属）

16. 花有花冠。

17. 复叶。

18. 茎具气生根借以攀援；小叶具齿；花橙红色，雄蕊4 …………
………………………………… 110. 紫葳科 Bignoniaceae

18. 茎无气生根；小叶全缘；花白色或黄色，雄蕊2 …………
……………………………………… 98. 木樨科 Oleaceae

17. 单叶。

19. 叶缘具齿，如全缘则花序外缘不育花具1大型叶状苞片。

20. 子房下位或半下位；蒴果；雄蕊10~30枚 ………
………………………… 36. 虎耳草科 Saxifragaceae

20. 子房上位；雄蕊4~5；蒴果或核果。

21. 花多为4基数，具柄；蒴果 …………………
………………… 57. 卫矛科 Celastraceae（卫矛属）

21. 花5基数，无柄或近无柄；核果，小枝刺状 ………
………………… 64. 鼠李科 Rhamnaceae（雀梅藤属）

19. 叶全缘。

22. 花冠两侧对称，二唇形；子房下位 …………………
………………………… 118. 忍冬科 Caprifoliaceae

22. 花冠辐射对称，近辐状；子房上位 …………………
………………… 99. 马钱科 Loganiaceae（蓬莱葛属）

表二 双子叶植物：乔木、直立灌木，复叶

1. 掌状复叶。

2. 叶互生。

3. 小叶4；花单生或簇生；荚果 ……………… 42. 豆科 Leguminosae（锦鸡儿属）

3. 小叶5；伞形花序；核果 ……………………………… 88. 五加科 Araliaceae

2. 叶对生。

4. 乔木；小叶（5～9）；离瓣花；蒴果 ·················· 60. 七叶树科 Hippocastanaceae

4. 灌木；小叶（3）5；合瓣花；核果·········· 106. 马鞭草科 Verbenaceae（牡荆属）

1. 羽状复叶，三出复叶或单生复叶。

   5. 叶对生。

      6. 果实具翅（翅果）；乔木。

         7. 双翅果或果实周围具翅；花瓣离生或无花瓣；雄蕊 8 至多数 ···············

          ······························· 59. 槭树科 Aceraceae

         7. 单翅果；合瓣花；雄蕊 2 ·············· 98. 木樨科 Oleaceae（梣属）

      6. 果实无翅；雄蕊 4～5。

         8. 子房下位；浆果；羽状复叶；灌木 ································

          ··················· 118. 忍冬科 Caprifoliaceae（接骨木属）

         8. 子房上位；蒴果或聚合蓇葖果；羽状复叶或三出复叶；乔木，稀灌木。

          9. 羽状复叶或三出复叶，小叶边缘具细锯齿；心皮（1）2～3；蒴果或

           蓇葖果 ·················· 58. 省沽油科 Staphyleaceae

          9. 羽状复叶，小叶全缘或近全缘；心皮 4～5，蓇葖果

           ··················· 48. 芸香科 Rutaceae（吴茱萸属）

   5. 叶互生。

      10. 二回三出复叶；二回羽状复叶，可兼有一或三回羽状复叶。

         11. 二回三出复叶；小叶全缘；浆果；常绿灌木 ···············

          ················· 27. 小檗科 Berberidaceae（南天竹属）

         11. 二回羽状复叶，可兼有一或三回羽状复叶；落叶乔木。

          12. 二回偶数羽状复叶，或与一回偶数羽状复叶共存；荚果···

           ······················· 42. 豆科 Leguminosae

         12. 二回奇数羽状复叶，或兼有一或三回奇数羽状复叶；蒴果

          或核果。

           13. 圆锥花序顶生；花黄色；蒴果，果皮膜质肿胀 ·········

            ········· 61. 无患子科 Sapindaceae（栾树属）

           13. 圆锥花序腋生；花白或紫色；核果 ···············

            ···················· 46. 楝科 Meliaceae

      10. 一回羽状复叶或三出复叶。

         14. 三出复叶。

          15. 乔木；小叶边缘具细锯齿；核果 ···············

           ··············· 48. 大戟科 Euphorbiaceae

          15. 灌木；小叶全缘；荚果 ·······················

           ···················· 42. 豆科 Leguminosae

         14. 一回羽状复叶。

          16. 偶数羽状复叶。

           17. 植物具粗壮分枝棘刺；荚果 ··········

           ·········38. 豆科 Leguminosae（皂荚属）

17. 植物不具刺。

    18. 果实为蒴果，种子具翅 ······························
    ·· 50. 楝科 Meliaceae（香椿属）

    18. 果实为核果或核果状，种子无翅。

        19. 圆锥花序顶生；雄蕊 8；核果直径 15mm 以上，基部常有不发育的心皮
        ···································· 61. 无患子科 Sapindaceae（无患子属）

        19. 圆锥花序腋生；雄蕊 3～5；核果直径约 5mm ····················
        ··································· 55. 漆树科 Anacardiaceae（黄连木属）

16. 奇数羽状复叶，有时具 3 小叶。

    20. 花冠蝶形，雄蕊 10；荚果 ······················· 42. 豆科 Leguminosae

    20. 非蝶形花冠；果实不为荚果。

        21. 雄花序为下垂的柔荑花序，小枝具片状髓；或雄性柔荑花序直
            立，则小枝有实心髓，且果序球果状 ··· 4. 胡桃科 Juglandaceae

        21. 植物不具柔荑花序。

        22. 雄蕊多数，和花瓣均生于萼筒边缘（周位花或上位花）···
        ······································· 41. 蔷薇科 Rosaceae

        22. 雄蕊不超过 10 枚，下位花。

            23. 果实为浆果。

                24. 常绿灌木；小叶边缘具刺状锯齿；浆果长不及 1cm
                ·············· 27. 小檗科 Berberidaceae（十大功劳属）

                24. 落叶灌木；小叶全缘；浆果长 5～10cm ·············
                ·············· 26. 木通科 Lardizabalaceae（猫儿屎属）

            23. 果实不为肉质浆果。

                25. 果实为翅果；小叶全缘或基部具 1～4 个钝齿。
                齿背具腺体···49. 苦木科 Simaroubaceae（臭椿属）

                25. 果实无翅。

                    26. 蒴果，果皮膜质且肿胀为膀胱状，或果皮木栓
                    质；雄蕊 8 枚 ··· 61. 无患子科 Sapindaceae

                    26. 核果或核果状果。

                        27. 树皮极苦；心皮 2～5，离生 ············
                        ······ 49. 苦木科 Simaroubaceae（苦木属）

                        27. 树皮不苦或微苦；心皮合生。

                            28. 植物常具乳汁或树脂状汁液；冬芽
                            具鳞；子房 1 室；花瓣近等大 ······
                          ············ 55. 漆树科 Anacardiaceae

                          28. 植物无乳汁或树脂状汁液；裸芽被
                            茸毛；子房 2～3 室 ···············
                          ···62. 清风藤科 Sabiaceae（泡花树属）

表三 双子叶植物：直立木本，单叶

1. 叶对生或轮生。
 2. 花无花瓣或具离生的花瓣。
　 3. 叶全缘或叶裂片全缘。
　　 4. 子房下位。
　　　 5. 雄蕊多数；浆果；种子多数，具肉质多汁的外种皮；叶在短枝上簇生；常
　　　　　具枝刺 ··· 81. 石榴科 Punicaceae
　　　 5. 雄蕊 4～5；核果；无刺。
　　　　 6. 叶侧脉自中脉中下部弧曲上升，近似弧形脉；花两性；核果顶端无宿存
　　　　　　苞片 ·· 90. 山茱萸科 Cornaceae
　　　　 6. 叶侧脉正常羽状排列；花单性异株；核果顶端具 4 枚宿存的叶状苞片···
　　　　　　 ··· 11. 檀香科 Santalaceae（米面翁属）
　　 4. 子房上位。
　　　　 7. 花单生叶腋；花托凹陷为壶状，花后肉质膨大；心皮多数，离生······
　　　　　　 ·· 30. 蜡梅科 Calycanthaceae
　　　　 7. 花集为种种花序，花托不为上述特征。
　　　　　 8. 枝、叶及花密被银灰色鳞片状毛被；叶披针形或条形··············
　　　　　　　 ······························· 79. 胡颓子科 Elaeagnaceae（沙棘属）
　　　　　 8. 植物不具鳞片状毛。
　　　　　　 9. 花无花瓣。
　　　　　　　 10. 花萼花冠状；具长管状萼筒，茎皮柔韧，不易折断；核果
　　　　　　　　 ···························· 78. 瑞香科 Thymelaeaceae
　　　　　　　 10. 花萼绿色，不具管状萼筒，蒴果；常绿植物 ···············
　　　　　　　　 ···························· 54. 黄杨科 Buxaceae
　　　　　　 9. 花具花瓣。
　　　　　　　 11. 花大而鲜艳，具发达的杯状萼筒，花瓣皱曲；与多数雄
　　　　　　　　　蕊生于萼筒上缘内侧；蒴果 ·····························
　　　　　　　　　 ··················· 80. 千屈菜科 Lythraceae（紫薇属）
　　　　　　　 11. 花小，黄绿色，无明显萼筒，花瓣不皱，雄蕊通常 8 枚；
　　　　　　　　　双翅果 ···························· 59. 槭树科 Aceraceae
　 3. 叶缘具齿。
　　　　　　 12. 花具副萼片 4 枚；萼片 4；花瓣 4，白色；雄蕊多数；
　　　　　　　　心皮 4，离生；叶缘有尖锐重锐齿 ·······················
　　　　　　　　 ························· 41. 蔷薇科 Rosaceae（鸡麻属）
　　　　　　 12. 花无副萼；心皮合生，雄蕊 10 枚以下。
　　　　　　　 13. 子房上位，雄蕊 4～5。
　　　　　　　　 14. 雄蕊与花瓣对生；核果 ·························
　　　　　　　　　 ························· 64. 鼠李科 Rhamnaceae
　　　　　　　　 14. 雄蕊与花瓣互生；蒴果，种子具鲜艳种皮
　　　　　　　　　 ···················· 57. 卫矛科 Celastraceae

13. 子房下位；雄蕊 8～10 枚；蒴果 ……………… 36. 虎耳草科 Saxifragaceae

2. 花具合生的花瓣（合瓣花）。

      15. 子房下位。

         16. 茎节上二叶柄间具托叶；花辐射对称……… 117. 茜草科 Rubiaceae

         16. 无托叶，稀有贴生于叶柄的托叶；花辐射对称或两侧对称…………

            …………………………………… 118. 忍冬科 Caprifoliaceae

      15. 子房上位；无托叶。

         17. 花辐射对称。

           18. 植物具乳汁；叶轮生兼对生；雄蕊 5 枚；蓇葖果…………

             ………………………………… 101. 夹竹桃科 Apocynaceae

           18. 植物不具乳汁；叶全对生；雄蕊 4 枚或 2 枚；不为蓇葖果。

             19. 雄蕊 4 枚；茎节叶柄间具托叶连线；植物常具星状毛

               ………………………… 99. 马钱科 Loganiaceae

             19. 雄蕊 2 枚；茎节叶柄间无托叶连线 …………………

               ……………………… 98. 木樨科 Oleaceae

         17. 花多少两侧对称，雄蕊 4 枚。

           20. 花具发达的叶状苞片；蒴果，种子具钩状柄；栽培…

            花木 …………………… 115. 爵床科 Acanthaceae

           20. 苞片小或无苞片，绝非叶状。

            21. 子房每室胚珠 1～2 枚；核果或浆果；叶全缘或…

            具齿 …………………… 106. 马鞭草科 Verbenaceae

            21. 子房每室胚珠多数；蒴果，种子具翅；叶全缘或浅

            裂；乔木。

             22. 叶背脉腋常具黑色腺点，叶无星状毛；能育雄

             蕊 2 枚；蒴果细长，条形或线形…………

               …………………… 110. 紫葳科 Bigniniaceae

             22. 叶背脉腋无黑色腺点，叶常具腺毛及星状毛，

             能育雄蕊 4 枚；蒴果卵形或卵球形…………

               ………………… 109. 玄参科 Scrophulariaceae

1. 叶互生。

         23. 花无花瓣或具离生的花瓣。

           24. 叶微小，鳞片状或线状披针形，长不及

           1cm，蒴果，种子具束毛 …………………

             …………………… 72. 柽柳科 Tamaricaceae

           24. 叶较大，不为鳞片状或线状披针形。

            25. 茎叶及果破烂有樟脑香气；叶全

            缘；雄蕊 3～4 轮，每轮 3 枚，花药

            瓣裂 ……………………………

             …………………… 31. 樟科 Lauracese

25. 植物无樟脑香气。

  26. 树皮和叶撕破有胶状细丝出现；枝髓片状；雌雄异株；翅果 ……………………
    …………………………………………………………… 39. 杜仲科 Eucommiaceae

  26. 树皮和叶撕破无胶状细丝出现。

    27. 花或花序由舌状苞片或叶面中脉生出；核果或浆果状核果。

      28. 乔木；叶基心形或近平截，常偏斜；聚伞花序由膜质舌状苞片中脉生出；
        子房上位；核果；植物常具星状毛 ……… 66. 椴树科 Tiliaceae（椴树属）

      28. 灌木；叶基楔形；花或伞形花序由叶面中脉生出；雄蕊 3～5；子房下位；
        浆果状核果 ………………… 90. 山茱萸科 Cprmaceae（青荚叶属）

    27. 花或花序生于枝顶或叶腋，绝不从叶片或苞片的中脉生出。

      29. 植物具白色乳汁；头状花序，隐头花序或柔荑花序；聚花果 ………
        …………………………………………… 8. 桑科 Moraceae

      29. 植物不具乳汁。

        30. 球形头状花序，乔木。

          31. 叶掌状分裂，掌状脉。

            32. 叶柄基部扩大呈帽状包裹芽（柄下芽）；托叶大，鞘状，
              叶裂片边缘具粗大不规则齿牙 ……………………………
              …………………………… 40. 悬铃木科 Platanaceae

            32. 叶柄基部不扩大呈帽状；托叶小，早落；叶裂片边缘具
              细密锯齿 …… 38. 金缕梅科 Hamamelidaceae（枫香属）

          31. 叶不分裂，全缘或具齿，羽状脉 ……………………………
            …………………… 82. 蓝果树科 Myssaceae（喜树属）

        30. 非球形头状花序。

          33. 花常单生或 2～3 朵簇生；托叶发达，脱落后在枝或
            （和）叶柄上留下明显的托叶痕；雄蕊多数；蓇葖果
            螺旋状排列于凸隆或伸长的花托上；或无托叶，则雄
            蕊 6～14 枚，蓇葖果星状排为一轮；叶全缘，如分裂，
            裂片全缘 ………………………… 29. 木兰科 Magnoliaceae

          33. 植物不具上述综合特征。

            34. 植物具柔荑花序。

              35. 雄花序为下垂柔荑花序，雌花序聚伞状、头
                状、穗状或为球果状，不下垂；子房下位，坚
                果；种子无束毛。

                36. 坚果全部或部分包藏于总苞形成的木质壳
                  斗内 ………………… 6. 壳斗科 Fagaceae

                36. 坚果生于鳞片状或膜质苞腋内，或包被于
                  叶质总苞内 … 5. 桦木科 Betulaceae

              35. 雌、雄花序均柔荑花序，直立或下垂；
                子房上位；蒴果；种子具柄束毛…
                …………………… 3. 杨柳科 Salicaceae

34. 植物不具柔荑花序。

    37. 花无花被，雄蕊多数，心皮 6～18，离生；翅果歪斜具长柄；叶缘具齿······
        ······················ 24a. 昆栏树科 Trochodendraceae（领春木科 Eupteleaceae）

    37. 花具花被。

        38. 花被片一轮，无花瓣。

            39. 花被片合生为管状，呈花冠状；叶全缘。

                40. 花 3 朵聚生，其下托以红色或紫色大型叶状苞片；瘦果；枝具刺
                      ····················· 17. 紫茉莉科 Nyctaginaceae（叶子花属）

                40. 花或花序下无大型红、紫色叶状苞片；核果。

                    41. 植株具银灰色或褐色盾状着生的鳞片状毛；常具枝刺 ······
                                  ······ 79. 胡颓子科 Elaeagnaceae

                    41. 植物无鳞片状毛；茎枝柔韧，不易折断；无刺 ·············
                        ·················· 78. 瑞香科 Thymelaeaceae

            39. 花被片离生；非花冠状，如合生也不形成明显的花被管。

                42. 子房下位或半下位；小枝和叶具星状毛，叶具羽状脉，
                  边缘有齿····················· 38. 金缕梅科 Hamamelidaceae

                42. 子房上位。

                    43. 蒴果或浆果。

                      44. 叶缘有锯齿，掌状基出脉 5～7 条；子房 1 室；
                      浆果，或为卵形至卵状椭圆形的蒴果；种子具
                      翅；乔木 ············· 74. 大风子科 Flacourtiaceae

                      44. 叶全缘或掌状浅裂，裂片全缘；如叶缘具齿，子
                      房亦为 3 室；蒴果近球形；种子无翅；灌木或小
                      乔 ············ 52. 大戟科 Euphorbiaceae

                  43. 坚果、翅果或核果；雄蕊与花被片同数而对生；叶缘具齿。

                    45. 穗状花序，花单性，4 基数；聚合坚果具肉
                      质宿存的花被片；叶具掌状脉 3～5 条 ······
                      ············· 8. 桑科 Moraceae（桑属）

                    45. 花单生、簇生或为聚伞花序；花常两性，
                    （3）4～5（6～9）基数；叶具羽状脉，或具
                    掌状脉 3（5）条，叶基偏斜；翅果或核果···
                    ·················· 7. 榆科 Ulmaceae

        38. 花被片 2 轮，具花瓣。

                46. 小枝和（或）叶常具星状毛。

                  47. 单体雄蕊，花丝合生成管状。

                    48. 叶掌状分裂或不裂，边缘具齿；
                      花大，基部具副萼状小苞片，单
                      生或为总状花序；蒴果············
                    ·········· 67. 锦葵科 Malvaceae

48. 叶掌状分裂，裂片全缘；花较小，圆锥花序；蓇葖果具柄……………………
…………………………………………… 68. 梧桐科 Sterculiaceae
47. 雄蕊离生或合生为数束。
49. 掌状脉；雄蕊多数；核果，果皮肉质…66. 椴树科 Tiliaceae（扁担杆属）
49. 羽状脉；雄蕊 4～5（10）；蒴果，果皮木质 ……………………………
…………………………………………… 38. 金缕梅科 Hamamelidaceae
46. 枝和叶有毛或无毛，但无星状毛。
50. 雄蕊通常 10 枚以上至多数，如较少（8 枚）则花瓣为条形外卷，且
为核果。
51. 花瓣条形外卷；花药长为花丝的 2～4 倍，核果；叶脉掌状……
…………………………………………… 83. 八角枫科 Alangiaceae
51. 花瓣非条形，也不外卷；花药较短于花丝。
52. 花单生或数朵簇生；花萼下方常具 2 至数片覆瓦状排列的小
苞片；蒴果，无托叶 …………………… 70. 山茶科 Theaceae
52. 花萼下方无上述小苞片；蓇葖果、核果、瘦果、梨果，稀为
蒴果；常具托叶；如无托叶则为总状花序、伞形花序、伞房
花序或圆锥花序；萼片、花瓣和雄蕊均生于凹陷的花托上缘
…………………………………… 41. 蔷薇科 Rosaceae
50. 雄蕊 10 枚或 10 枚以下。
53. 叶全缘。
54. 掌状脉；雄蕊 10；荚果；花在叶腋簇生或成短总状
花序 ……………… 42. 豆科 Leguminosae（紫荆属）
54. 羽状脉；雄蕊 4～5；蓇葖果、蒴果或核果。
55. 叶侧脉自中脉下部伸出，近弧形脉；子房下位，
核果；乔木 ……………… 90. 山茱萸科 Cornaceae
55. 叶脉非上述特征；子房上位；灌木或小乔木。
56. 叶常绿，在小枝上常轮生状排列；蒴果，果
皮木质或革质…37. 海桐花科 Pittosporaceae
56. 叶脱落性，在枝上非轮状排列；蓇葖果或核果。
57. 叶具透明腺点；花单性异株，4 基数；蓇
葖果…48. 芸香科 Rutaceae（臭常山属）
57. 叶无透明腺点；花两性，5 基数；核果。
58. 花序中有不孕的花梗纤细伸长，且具长
柔毛；核果肾形，扁平；茎直立或斜生
…55. 漆树科 Anacardiaceae（黄栌属）
58. 花序中无上述不育花梗；核果长椭圆
形或圆柱形；茎蔓生攀援状；叶具明
显相互平行直伸的侧脉 ……………
…64. 鼠李科 Rhamnaceae（勾儿茶属）
53. 叶缘具齿，如叶缘波状而无明显的齿，则具伞形花序。

59. 半灌木；叶圆形，掌状脉；伞形花序；栽培花卉 ⋯⋯⋯⋯⋯⋯⋯⋯⋯⋯⋯⋯⋯
⋯⋯⋯⋯⋯⋯⋯⋯⋯⋯ 44. 牻牛儿苗科 Geraniaceae（天竺葵属）
59. 乔木或灌木；非伞形花序。
  60. 叶掌状分裂；子房下位；浆果 ⋯⋯⋯⋯⋯⋯⋯⋯⋯⋯⋯⋯⋯⋯⋯⋯⋯⋯⋯⋯
    ⋯⋯⋯⋯⋯⋯⋯⋯⋯⋯ 36. 虎耳草科 Saxifragaceae（茶藨子属）
  60. 叶不分裂，如分裂则叶具刺状尖齿；子房上位。
    61. 枝具刺，刺常 3 叉或单 1；浆果 ⋯⋯⋯⋯⋯⋯⋯ 27. 小檗科 Berberidaceae
    61. 枝无刺。
      62. 穗状花序或穗形总状花序；花 4 基数，雄蕊 8；浆果 ⋯⋯⋯⋯⋯⋯
      ⋯⋯⋯⋯⋯⋯⋯⋯⋯⋯⋯⋯⋯⋯⋯⋯⋯ 75. 旌节花科 Stachyuraceae
      62. 聚伞花序、圆锥花序或花簇生，稀单生，雄蕊 4～5，核果或翅果。
        63. 叶革质，多为常绿性；花常 4 基数，雄蕊与花瓣同数而互生；核果常
        具 4 果核 ⋯⋯⋯⋯⋯⋯⋯⋯⋯⋯⋯⋯⋯ 56. 冬青科 Aquifoliaceae
        63. 叶脱落性；花 5（4）基数；雄蕊与花瓣同数而对生。
          64. 圆锥花序顶生；雄蕊 5，常 2 枚不育；萼片或花瓣常不等大；核
          果；叶具羽状脉 ⋯⋯⋯⋯⋯⋯⋯⋯⋯ 62. 清风藤科 Sabiaceae
          64. 聚伞花序腋生或顶生；雄蕊 5（4），均发育；核果或翅果；叶具
          羽状脉或基出掌状脉 ⋯⋯⋯⋯⋯⋯⋯ 64. 鼠李科 Rhamnaceae
23. 花具合生的花瓣（合瓣花）。
        65. 头状花序单生于短枝顶端；瘦果具冠毛；叶全缘 ⋯⋯⋯⋯⋯⋯⋯
        ⋯⋯⋯⋯⋯⋯⋯⋯ 122. 菊科 Compositae（蚂蚱腿子属）
        65. 非头状花序；果无冠毛。
          66. 浆果；叶全缘。
            67. 子房下位；雄蕊 10，花药顶孔开裂 ⋯⋯⋯⋯⋯⋯⋯⋯
            ⋯⋯⋯⋯⋯⋯⋯ 92. 杜鹃花科 Ericaceae（乌饭树属）
            67. 子房上位；花药纵裂。
              68. 乔木；花 4 基数，单性，雄蕊 8～16 ⋯⋯⋯⋯⋯
              ⋯⋯⋯⋯⋯⋯⋯⋯ 96. 柿树科 Ebenaceae
              68. 灌木；花 5 基数，两性，雄蕊 5 ⋯⋯⋯⋯⋯
              ⋯⋯⋯⋯⋯⋯⋯⋯ 108. 茄科 Solanaceae
          66. 蒴果或核果；叶全缘或具齿。
            69. 雄蕊 10 或更多，若 5 枚则花药顶孔开裂。
              70. 雄蕊 10（5），花药顶孔开裂；子房上位，
              蒴果 ⋯⋯⋯⋯⋯ 92. 杜鹃花科 Ericaceae
              70. 雄蕊 10 或更多，花药非顶孔开裂；核
              果；子房下位；雄蕊 15 枚以上，花药卵
              形或近圆形；植物具单毛或无毛 ⋯⋯⋯⋯
              ⋯⋯⋯⋯⋯⋯ 97. 山矾科 Symplocaceae

69. 雄蕊 4～6 枚。

    71. 雄蕊与花冠裂片同数而对生。

        72. 叶具腺点，全缘、波状或具齿；花序近伞形；子房上位 ························

·············· 93. 紫金牛科 Myrsinaceae

        72. 叶无腺点，全缘；子房半下位；总状聚伞花序 ························

·············· 10. 铁青树科 Olacaceae（青皮木属）

    71. 雄蕊与花冠裂片同数而互生。

        73. 乔木；叶宽大，椭圆形或倒卵形，边缘有锯齿；雄蕊 5，伸出花冠外核

        果 ·············· 105. 紫草科 Boraginaceae（厚壳树属）

        73. 灌木；叶披针形，全缘；雄蕊 4 枚，且内藏于花冠筒；蒴果

·············· 99. 马钱科 Loganiaceae（醉鱼草属）

表四　双子叶植物：草质藤本蔓生，浮水、沉水植物

1. 沉水及浮水植物。

  2. 沉水植物；叶丝状深裂或叶狭细不分裂。

    3. 食虫植物，叶具捕虫囊；互生；花葶伸出水面，花黄色 ························

·············· 114. 狸藻科 Lentibulariaceae

    3. 非食虫植物，无捕虫囊。

      4. 叶轮生。

        5. 叶裂片边缘有刺状齿 ·············· 24. 金鱼藻科 Ceratophyllaceae

        5. 叶或叶裂片全缘。

          6. 叶羽状细裂 ·············· 86. 小二仙草科 Haloragaceae

          6. 叶不分裂，线形 ·············· 53. 杉叶藻科 Hippuridaceae

      4. 叶互生，3～4 回三出丝裂，花单生 ························

·············· 25. 毛茛科 Ranunculaceae（水毛茛属）

  2. 浮水植物；浮水叶宽阔，非细丝状。

        7. 浮水叶倒卵状匙形，长不及 1cm，全缘，沉水叶条状披针形 ·········

·············· 53. 水马齿科 Callitrichaceae

        7. 浮水叶大，长与宽均在 3cm 以上。

          8. 浮水叶菱形、圆菱形或三角状菱形，边缘有锯齿；沉水叶对生，

          羽状细裂；坚果具角刺 ·············· 84. 菱科 Trapaceae

          8. 浮水叶圆形盾状着生，或卵形而基部心形。

            9. 花单生，花瓣常多数，离生；雄蕊多数，浆果或坚果 ··········

·············· 23. 睡莲科 Nymphaeaceae

            9. 花簇生，稀单生；花冠辐状或钟状 5（4）深裂；雄蕊 5；蒴果

·············· 100. 龙胆科 Gentianaceae（莕菜属）

1. 陆生或沼生草质藤本或蔓状植物，茎缠绕、攀援、匍匐、平卧或铺散蔓状。

        10. 叶对生或轮生。

          11. 植物具白色乳汁。

12. 花冠钟状，无副花冠；子房下位或半下位；蒴果 ……………………
………………………… 121. 枯梗科 Campanulaceae（党参属）

12. 花冠不为钟状，有副花冠；子房上位；蓇葖果 … 102. 萝藦科 Asclepiadaceae

11. 植物不具乳汁。

13. 偶数羽状复叶；分果瓣具刺 ……… 47. 蒺藜科 Zygophyllaceae（蒺藜属）

13. 单叶。

14. 叶全缘，不分裂。

15. 叶对生，无托叶；蒴果 ………………… 100. 龙胆科 Gentianaceae

15. 叶轮生 ………………………………… 117. 茜草科 Rubiaceae

14. 叶片分裂，裂片边缘有锯齿 …………… 8. 桑科 Moraceae（葎草属）

10. 叶互生。

16. 植物具白色乳汁；茎缠绕性，平卧或蔓生，花冠漏斗形……
……………………………… 103. 旋花科 Convolvulaceae

16. 植物无白色乳汁，或乳汁极不明显。

17. 叶柄基部具托叶鞘；单被花……… 14. 蓼科 Polygonaceae

17. 叶无托叶鞘。

18. 叶片圆形，三角状圆形或五角形，盾状着生。

19. 叶片圆形；花具距；栽培花卉
……………………………… 45. 旱金莲科 Trapaeolaceae

19. 叶片三角状圆形或五角形；花无距……
……………………… 28. 防己科 Menispermaceae

18. 叶片不为盾状着生。

20. 茎叶肉质，具红色汁液；穗状花序；栽培蔬菜
……………………… 21. 落葵科 Bassellaceae

20. 植物不具上述综合特征。

21. 复叶，具托叶。

22. 小叶全缘；花冠蝶形；雄蕊1；荚果
……………………… 42. 豆科 Leguminosae

22. 小叶具齿或分裂；花冠辐射对称；雄
蕊多数；瘦果 …………………………
……………………… 41. 蔷薇科 Rosaceae

21. 单叶；无托叶。

23. 花被1层，合生为管状；蒴果…
…12. 马兜铃科 Aristolochiaceae
（细辛属）

23. 花被2层，花冠漏斗状或辐状。

24. 花冠漏斗状；蒴果；茎缠绕
性或平卧蔓性………………
…103. 旋花科 Convolvualceae

24. 花冠辐状；浆果；茎铺散蔓生 ·························· 108. 茄科 Solanaceae

表五　双子叶植物：茎或花茎（葶）直立或斜升

1. 花无花被；或花被仅一轮，无花瓣；或花被片逐渐变化，无明显的萼片和花瓣之区分。
 2. 无绿叶的寄生植物，茎肉质，红色或黄褐色；肉穗花序，花极小密集 ···············
　　··· 13. 蛇菰科 Balanophoraceae
 2. 具绿叶，或茎为绿色的自养植物。
　 3. 叶具发达的斜形或圆筒状的托叶鞘；单被花；瘦果三棱形或扁平双凸形 ···········
　　··· 14. 蓼科 Polygonaceae
 3. 叶不具托叶鞘。
　 4. 雄蕊 12 枚或多数。
　　 5. 子房下位或半下位。
　　　 6. 肉质植物，常具刺或刺毛；常无叶；花被片多数，花瓣状，下部合生为
　　　　 花被管；雄蕊多数；浆果 ·············· 77. 仙人掌科 Cactaceae
　　　 6. 非肉质植物；具绿叶，无刺；蒴果。
　　　　 7. 叶基生，心形，全缘；花单生，两性；雄蕊 12 枚·············
　　　　　············· 12. 马兜铃科 Aristolochiaceae（细辛属）
　　　　 7. 叶茎生，基部偏斜，边缘具齿；聚伞花序，花单性；雄蕊多数 ······
　　　　　·································· 76. 秋海棠科 Begoniaceae
　　 5. 子房上位，雄蕊多数。
　　　 8. 心皮 1 至多数，离生；蓇葖果或瘦果 ·························
　　　　·································· 25. 毛茛科 Ranunculaceae
　　　 8. 心皮合生；蒴果。
　　　　 a. 植物具红棕色汁液；蒴果扁平 ·····························
　　　　　············· 32. 罂粟科 Papaveraceae（博落回属）
　　　　 a. 植物不具红棕色汁液；蒴果卵球形 ·····················
　　　　　·································· 52. 大戟科 Euphorbiaceae
　 4. 雄蕊 10 枚或少于 10 枚。
　　　 9. 叶 4 片，在茎上部交互对生；无花被；雄蕊 3 枚，合生为块
　　　　 状；穗状花序 ············· 2. 金粟兰科 Chloranthaceae
　　　 9. 植物不具上述综合特征。
　　　　 10. 子房下位或半下位。
　　　　　 11. 叶全缘，线形 ··· 11. 檀香科 Santalaceae（百蕊草属）
　　　　　 11. 叶缘具齿，稀波状 ········ 36. 虎耳草科 Saxifragaceae
　　　　 10. 子房上位。
　　　　　 12. 花 4 基数，花瓣十字形排列；雄蕊通常 6 枚，4 长
　　　　　　 2 短；角果具假隔膜；植物常具辛辣味 ·············
　　　　　　·································· 34. 十字花科 Cruciferae
　　　　　 12. 植物不具上述综合性状。

13. 花单性。

 14. 掌状复叶·· 8. 桑科 Moraceae（大麻属）

14. 单叶。

  15. 常绿灌木状草本；叶常聚生枝端，边缘具齿····························

   ····································· 54. 黄杨科 Buxaceae（板凳果属）

  15. 草本不为灌木状；叶在茎上散生。

   16. 叶互生；心皮3，合生；蒴果··············· 52. 大戟科 Euphorbiaceae

   16. 叶对生或互生；心皮1；瘦果··············· 9. 荨麻科 Urticaceae

13. 花两性。

  17. 花无花被；总状花序下具 4~6 片白色花冠状的总苞片，或茎上

   部 2~3 叶在花期变为白色；叶互生，全缘··························

   ····································· 1. 三白草科 Saururaceae

  17. 花具花被；花序下无上述白色的苞片或叶。

   18. 花被花冠状，具明显的花被管；心皮1；叶全缘。

    19. 叶互生，条形或条状披针形，近无柄，花小，黄绿色···

     ············· 78. 瑞香科 Thymelaeaceae（草瑞香属）

    19. 叶对生，卵形或卵状三角形，具柄；花大而艳丽，栽培

     花卉··············· 17. 紫茉莉科 Nyctaginaceae

   18. 花无明显的花被管。

    20. 总状花序；心皮 8~10，离生或合生；浆果；叶互生

     全缘··············· 18. 商陆科 Phytolaccaceae

    20. 多为聚伞花序或花单生；心皮 2~3，合生。

     21. 花单生叶腋，近无柄，叶互生，全缘···········

      ··········· 94. 报春花科 Primulaceae（海乳草属）

     21. 聚伞花序、头状或穗状花序；如花单生，则叶对生。

      22. 基底胎座，胚珠单 1。

       23. 苞片和花被片草质绿色或灰绿色，叶互

        生···············15. 藜科 Chenopodiaceae

       23. 苞片和花被片干膜质而常带色泽；叶互

        生或对生·········16. 苋科 Amaranthaceae

      22. 中轴胎座或特立中央胎座，胚珠数枚至多数。

       24. 叶缘具齿；中轴胎座···················

        ··········· 6. 虎耳草科 Saxifragaceae

       24. 叶全缘。

        25. 叶对生或 3~5 个成假轮生，近

         无柄；聚伞花序松散；花被片不

         为干膜质；中轴胎

         ···19. 番杏科 Aizoaceae（粟米草属）

25. 叶互生或对生；花序具极密集的花；苞片和花被片干膜质而常有色泽；特立中央胎座 ·· 16. 苋科 Amaranthaceae

1. 花具花萼和花冠两轮花被。

　26. 花瓣离生（离瓣花）。

　　27. 雄蕊多数。

　　　28. 雄蕊花丝合生为单体，植物常具星状毛，蒴果······ 67. 锦葵科 Malvaceae

　　　28. 雄蕊离生或合生为数束。

　　　　29. 植物各部具黑色腺点；叶对生；雄蕊合生为 3 束或 5 束；蒴果 ······ ·················· 71. 金丝桃科 Hypericaceae（藤黄科 Guttifeiae）

　　　　29. 植物不具黑色腺点。

　　　　　30. 子房下位或半下位；花单生或簇生。

　　　　　　31. 茎和（或）叶肉质肥厚，叶全缘。

　　　　　　　b. 萼片 2；特立中央胎座；蒴果盖裂·················· ·················· 20. 马齿苋科 Portulacaceae

　　　　　　　b. 萼片 5；中轴胎座；蒴果瓣裂 ·················· 19. 番杏科 Aizoaceae（日中花属）

　　　　　　31. 茎叶不为肉质；叶缘有锯齿，伞房状圆锥花序，周边花常不 育，其萼片增大成花瓣状 ·················· ·················· 36. 虎耳草科 Saxfragaceae（草绣球属）

　　　　　30. 子房上位。

　　　　　　32. 植物具白色乳汁或有色汁液；萼片 2，早落 ·················· ·················· 32. 罂粟科 Papaveraceae

　　　　　32. 植物无乳汁或有色汁液；萼片或萼裂片 4～5(6)。

　　　　　　33. 花具明显的萼筒，萼筒杯状、盘状或壶状，花瓣和雄 蕊生于萼筒上缘内侧（周位花）。

　　　　　　　34. 单叶对生；蒴果······ 80. 千屈菜科 Lythraceae

　　　　　　　34. 叶互生；单叶或复叶；蓇葖果、瘦果或小核果··· ·················· 41. 蔷薇科 Rosaceae

　　　　　　33. 花无明显的萼筒，花瓣和雄蕊着生于子房下方(下位花)。

　　　　　　　35. 心皮离生；蓇葖果或瘦果；叶常多少分裂， 无托叶 ·········· 25. 毛茛科 Ranunculaceae

　　　　　　　35. 心皮合生；蒴果；托叶存在。

　　　　　　　　36. 单叶不分裂，有时具星状毛 ·············· ·················· 66. 椴树科 Tiliaceae

　　　　　　　　36. 叶 3～5 掌状全裂，小裂片线形，疏生短硬 毛······47. 蒺藜科 Zygophyllaceae(骆驼蓬属)

　　　　27. 雄蕊 10 枚或较少。

　　　　　　37. 花辐射对称。

38. 叶具透明腺点，羽状复叶 ……………………………………… 48. 芸香科 Rutaceae
38. 叶无透明腺点。
  39. 伞形花序。
    40. 子房2～5室，花柱2～5；浆果或浆果状核果；伞形花序单生或集为圆锥花序；掌状复叶或二回羽状复叶 ………… 88. 五加科 Arariaceae
    40. 子房2室，花柱2，分果，果皮干燥；伞形花序单生或为复伞形花序；单叶，一至数回羽状或三出式羽状深裂，或为全裂的复叶 …………
    ………………………………………… 89. 伞形科 Umberiferae
  39. 非伞形花序。
    41. 复叶。
      42. 掌状复叶；蒴果。
        43. 小叶3 ………………………… 43. 酢浆草科 Oxalidaceae
        43. 小叶5～7；雄蕊6，等长；具细长的雌蕊柄或子房柄
        ………………………………… 33. 白花菜科 Capparaceae
      42. 羽状复叶或2～3回三出复叶。
        44. 羽状复叶；雄蕊6，4长2短，角果 …………
        …………………………… 34. 十字花科 Cruciferae
        44. 2～3回三出复叶；蒴果或蓇葖果…………
        ………… 36. 虎耳草科 Saxifragaceae（落新妇属）
    41. 单叶，或叶2～3回羽状全裂，裂片线形。
      45. 子房下位或半下位。
        46. 花单生，萼片3，花瓣3，子房半下位；蒴果；叶互生；心形，全缘，掌状脉 …………………
        ………… 12. 马兜铃科 Aristolochiaceae（马蹄香属）
        46. 植物不具上述综合特征。
        47. 萼片2，花瓣2，雄蕊2，果具钩状毛；叶对生…
        ……… 85. 柳叶菜科 Onagraceae（露珠草属）
        47. 萼片4～5（6）数；果不具钩状毛。
        48. 花柱2或更多，分离…………………
        …………………… 36. 虎耳草科 Saxifragaceae
        48. 花柱1，先端2～4裂，或无花柱而仅具头状柱头 ……… 85. 柳叶菜科 Onagraceae
      45. 子房上位。
        49. 茎和（或）叶肉质；心皮离生或仅基部稍合生；雄蕊与花瓣同数或为其二倍数；蓇葖果 ………… 35. 景天科 Crassulaceae
        49. 茎叶不为肉质；心皮合生。
        50. 子房1室或因具假隔膜而为假2室。

51. 叶对生；特立中央胎座···································· 22. 石竹科 Caryophyllaceae

51. 叶互生；侧膜胎座。

    52. 萼片 2，早落；雄蕊 4；蒴果；叶 2~3 回羽状全裂，裂片线形··············

    ·· 32. 罂粟科 Papaveraceae（角茴香属）

    52. 萼片 4，雄蕊 6，4 长 2 短；角果 ·················· 34. 十字花科 Cruciferae

50. 子房 2~5 室，中轴胎座。

    53. 蒴果具长喙；叶常分裂 ··················· 44. 牻牛儿苗科 Geraniacea

    53. 果不具喙；叶不分裂。

        54. 花具盘状、杯状或管状的花托，周位花。

            55. 雄蕊生于盘状或杯状花托边缘；花柱分离；叶互生或基生，稀对

              生 ····························· 36. 虎耳草科 Saxifragaceae

            55. 雄蕊生于杯状或管状花托边缘内侧；花柱单 1；叶对生···········

              ··························· 80. 千屈菜科 Lythraceae

        54. 花无盘状、杯状或管状花托，下位花。

            56. 叶全缘，线形至线状披针形，无柄；雄蕊 10，花丝合生，子

              房 10 室 ························· 46. 亚麻科 Linaceae

            56. 叶缘具齿

                57. 头状花序；花两性；雄蕊 5，合生；子房 5 室，花柱 5···

                  ····················· 68. 梧桐科 Sterculiaceae（马松子属）

                57. 总状花序；花单性；雄蕊 10，离生；子房 3 室，花柱 3

                  ·················· 52. 大戟科 Euphorbiaceae（地构叶属）

37. 花两侧对称。

        58. 花有距或花瓣基部具囊。

            59. 萼片之一具长距，距与花柄合生；雄蕊 10 枚；

              子房 5 室；伞形花序；叶近圆形常具托叶 ······

                44. 牻牛儿苗科 Geraniaceae（天竺葵属）

            59. 花瓣具距或囊，距或囊不与花柄合生；非伞形

              花序。

            60. 复叶，或单叶掌状全裂，无托叶；雄蕊 6，

              合生为 2 束；子房 1 室，心皮 2 ··········

                ····· 32. 罂粟科 Papaveraceae（紫堇亚科）

            60. 单叶，不分裂，如掌状全裂则具宿存的托

              叶；雄蕊 5。

            61. 子房 1 室，心皮 3；叶基生或茎生，托叶

              宿存 ··········· 73. 堇菜科 Violaceae

            61. 子房 5 室，心皮 5；叶茎生，无托叶······

              ··········· 63. 凤仙花科 Balsminaceae

        58. 花无距无囊。

62. 花冠蝶形，雄蕊10，心皮单1；荚果；单叶或复叶，具托叶……42. 豆科 Leguminosae
62. 花冠不为蝶形，雄蕊8，心皮2合生，子房2室；蒴果；单叶，无托叶
……………………………………………………………………… 51. 远志科 Polygalaceae
26. 花瓣合生（合瓣花冠）。
　63. 子房上位。
　　64. 花辐射对称。
　　　65. 花萼和花冠均4裂，雄蕊4；头状或穗状花序；蒴果盖裂；叶全部基生，
　　　　　具弧形脉 ……………………………………… 116. 车前科 Plantaginaceae
　　65. 植物不具上述特殊特征。
　　　66. 雄蕊与花冠裂片同数而对生。
　　　　67. 胚珠1，基生胎座；叶互生 ………… 95. 蓝雪科 Plumbaginaceae
　　　　67. 胚珠多数，特立中央胎座 ………… 94. 报春花科 Primulaceae
　　　66. 雄蕊与花冠裂片同数互生，或与花冠裂片数不等。
　　　　68. 叶对生或轮生，单叶。
　　　　　69. 植物具乳汁。
　　　　　　70. 叶柄基部及腋间具腺体，无副花冠 …………………
　　　　　　………… 101. 夹竹桃科 Apocynaceae（罗布麻属）
　　　　　　70. 叶柄基部及腋间无腺体；具副花冠
　　　　　　…………………………………… 102. 萝藦科 Asclepiadaceae
　　　　　69. 植物不具乳汁。
　　　　　　71. 雄蕊与花冠裂片同数，4～5枚 …………………
　　　　　　…………………………………………… 100. 龙胆科 Gentianaceae
　　　　　　71. 雄蕊较花冠裂片为少，2枚 …………………………
　　　　　　………… 109. 玄参科 Scrophulariaceae（婆婆纳属）
　　　　68. 叶互生或基生。
　　　　　72. 羽状复叶；子房3室；蒴果 ………………………
　　　　　　………………………………… 104. 花葱科 Polemoniaceae
　　　　72. 单叶。
　　　　　73. 花冠裂片5，雄蕊10，花药孔裂………
　　　　　　………………… 91. 鹿蹄草科 Pyrolaceae
　　　　　73. 雄蕊与花冠裂片同数；常5枚，花药
　　　　　　纵裂。
　　　　　　74. 子房深4裂，每室1～2胚珠；小坚
　　　　　　果；植物常具糙硬毛 ……………
　　　　　　………………… 105. 紫草科 Boraginaceae
　　　　　　74. 子房不分裂，每室胚珠多数；蒴果
　　　　　　或浆果；植物常具分枝毛，星状毛
　　　　　　或柔毛，有时无毛 ………………
　　　　　　………………… 108. 茄科 Solanaceae

86. 雄蕊 4～5，与花冠裂片同数。

　87. 叶轮生，如为对生则具发达的托叶，单叶不分裂；花辐射对称 ……………
……………………………………………………… 117. 茜草科 Rubiaceae

　87. 叶对生，羽状复叶或羽状分裂，或单叶全缘而二叶的基部合生，无托叶 ………
………………………………………………… 118. 忍冬科 Caprifoliaceae

表六　单子叶植物

1. 直立木本植物；叶常绿性。

　2. 叶片甚宽大，常为羽状或扇形分裂，叶柄基部常扩大而成纤维状的鞘宿存于茎上…
……………………………………………………… 132. 棕榈科 Palmae

　2. 叶片狭长，披针形或条状披针形，不分裂，无柄或近无柄，具叶鞘；茎秆苗（笋）
期具箨（变态叶），箨脱落 ……………… 130. 禾本科 Gramineae（竹亚科）

1. 草本植物；如茎多少木质则为落叶藤本。

　3. 无花被或在眼子菜科中很小。

　　4. 花包藏于或附托以壳状鳞片（稃）中，1 至多花形成小穗。

　　　5. 秆多少呈三棱形，实心；茎生叶三行排列，叶鞘闭合；或秆为中空圆筒
形，但无茎生叶；坚果或囊果 ……………… 131. 莎草科 Cyperaceae

　　　5. 秆常呈圆筒形，中空；茎生叶二行排列，叶鞘常一侧裂开；颖果 ………
……………………………………………………… 130. 禾本科 Gramineae

　　4. 花不包藏于呈壳状的鳞片中。

　　　6. 植物体无茎，呈叶状体，长不足 3cm；漂浮水面或沉于水中 …………
……………………………………………………… 134. 浮萍科 Lenmaceae

　　　6. 植物具茎和叶，有时叶呈鳞片状。

　　　　7. 水生植物，叶沉没水中或漂浮水面。

　　　　　8. 花单性，单生于叶腋又形成聚伞花序；叶对生或轮生 …………
……………………………………………………… 126. 茨藻科 Najadaceae

　　　　　8. 花两性，穗状花序；叶互生或对生 ………………………………
………………………………… 125. 眼子菜科 Potamogetonaceae

　　　　7. 陆生或沼生，有处于空气中的叶片。

　　　　　9. 叶有柄，全缘或分裂，具网状脉；肉穗花序托以大型而常具色
彩的佛焰苞 ……………………………… 133. 天南星科 Araceae

　　　　　9. 叶无柄，窄长条形或剑形，或退化为鳞片状，常具平行脉。

　　　　　　10. 花形成极密集的棒形穗状花序或肉穗花序。

　　　　　　　11. 肉穗花序生于一呈二棱形的基生花葶的一侧，另一侧
延伸为叶状佛焰苞，花两柱，叶有香气，剑形
…………………………… 133. 天南星科 Araceae（菖蒲属）

　　　　　　　11. 穗状花序棒状，位于圆柱形总花梗顶端，形如蜡烛而
无佛焰苞；花单性；叶线形或长条形
…………………………………… 123. 香蒲科 Typhaceae

　　　　　　10. 头状花序，花单性。

12. 头状花序单生于无叶的花葶顶端；叶狭窄，禾草状 ······ 134. 谷精草科 Eriocaulaceae
12. 头状花序散生于具叶的茎或枝上部，雄性者在上；叶细长，扁三棱形，基部呈鞘状 ···
   ···················· 124. 黑三棱科 Sparganiaceae

3. 有花被，常显著，多呈花瓣状。
 13. 雌蕊 3 至多数，心皮相互离生，水生或沼生。
  14. 叶狭长条形，直立；花单生或成伞形花序，蓇葖果 ·············
    ···················· 128. 花蔺科 Botomaceae
  14. 叶箭形、椭圆形至披针形，具长柄，或条形而无柄；花常在总状或圆锥花序上
    轮生；瘦果 ···················· 127. 泽泻科 Alismataceae
 13. 雌蕊单 1，心皮合生。
  15. 子房上位，或花被与子房相分离。
   16. 花被明显分化为花萼和花冠 2 轮。
    17. 叶互生，基部具鞘；花为腋生或顶生的聚伞花序；雄蕊 6 或较少
      ···················· 135. 鸭跖草科 Commelinaceae
    17. 叶 3 片或更多片轮生；花单 1 顶生；内轮花被片狭条形远比外轮
      花被片为窄，雄蕊 6 枚、8 枚或 10 枚
      ···················· 139. 百合科 Liliaceae（重楼属）
   16. 花被片或花被裂片彼此相同或近相同，无花萼和花冠的分化。
    18. 花小型，花被片绿色或棕褐色；聚伞状花序；蒴果 ···········
      ···················· 137. 灯芯草科 Juncaceae
    18. 花中型或大型，花被片多少具鲜明色彩。
     19. 直立或漂浮的水生植物；雄蕊 6，彼此不相同，有时有不
       育者 ···················· 136. 雨久花科 Pontederiaceae
     19. 陆生植物；雄蕊 6、4 或 2，同形。
      20. 花 4 基数；叶对生或轮生；子房 1 室，花柱 1 ······
        ···················· 138. 百部科 Stemonaceae
      20. 花 3（4）基数；叶常基生或互生，有时对生或轮生；
        子房常 3 室，花柱 3 ··········· 139. 百合科 Liliaceae
  15. 子房下位，或花被多少有些与子房合生。
   21. 花常辐射对称。
    22. 水生草本，植物体部分或全部沉没水中······
      ···················· 129. 水鳖科 Hydrocharitaceae
    22. 陆生草本。
     23. 茎缠绕攀援性；叶片宽广，具网状脉和
       叶柄 ··········· 141. 薯蓣科 Discoreaceae
     23. 茎非攀援性，叶具平行脉。
      24. 雄蕊 3 枚；叶二列于茎，两侧扁平，
        鞘部由下而上嵌叠排列 ··········
        ··········· 142. 鸢尾科 Iridaceae

24. 雄蕊 6 枚，子房 3 室。

    25. 子房部分下位，穗状花序或总状花序 ·················· 139. 百合科 Liliaceae

    25. 子房完全下位，花单生或为伞形花序 ··············· 140. 石蒜科 Amaryllidaceae

21. 花两侧对称或不对称。

    26. 花被片均呈花瓣状；雄蕊与花柱合生为合蕊柱；子房常扭转 ··················

    ··· 146. 兰科 Orichidaceae

    26. 花被片外轮呈萼片状；雄蕊与花柱相分离。

    27. 能育雄蕊 5 枚，后方 1 枚常为不育性 ·············· 143. 芭蕉科 Musaceae

    27. 仅后方 1 枚雄蕊能育具花药，其余 5 枚退化或呈花瓣状。

    28. 花药 2 室；萼片合生，具萼筒，有时呈佛焰苞状 ·····················

    ·· 144. 姜科 Zingiberaceae

    28. 花药 1 室；萼片相互分离，至多彼此相衔接而不合生 ·················

    ······································· 145. 美人蕉科 Cannaceae

参 考 文 献

[1] 何凤仙.植物学实验.北京:高等教育出版社,2004.

[2] 马伟梁,王幼芳,李宏庆.植物学实验指导.北京:高等教育出版社,2009.

[3] 李景原.植物学实验指导.长春:吉林大学出版社,2001.

[4] 王金平,戴启金.植物学实验.长春:吉林科学技术出版社,2005.

[5] 叶创兴,冯虎元.植物学实验指导.北京:清华大学出版社,2006.

[6] 初庆刚,王伟.植物学实验教程.北京:高等教育出版社,2011.

[7] 敖成齐,刘小坤.供光学显微镜观察的花粉样品制备的一种简单方法.植物学通报,2001,18 (2):251.

[8] 叶煦辛,郑尊,夏愿耀,张荣,王忠状.孢粉透射电镜样品制备方法探讨.第二军医大学学报, 1992,13 (1):81-82.